甜 点 盘 饰
PLATED DESSERT

CAKE・蛋糕

MOUSSE・慕斯

TART PIE・塔派

La Vie 编辑部 著

河南科学技术出版社
・郑州・

CONTENTS | 目录

Part1
总论
Concept

010　1　甜点盘饰╳基本概念

012　2　甜点盘饰╳色彩搭配与装饰线条

014　3　甜点盘饰╳灵感发想与创作

Part4
实例示范
Plated Dessert

Part2
装饰物造型与种类
Decorations

018　造型巧克力片

019　造型饼干

019　蛋白霜饼

020　食用花卉与香草

021　糖饰

021　金箔与银箔

Part3
基本技巧运用
Skills

024　画盘
　　　刮　刷　喷　甩　挤　盖　搓　模具　模板

025　增色
　　　镜面果胶　烘烤

026　固定、塑形
　　　加热　模具　裁剪　冷却　挖勺　黏着、固定

027　酱汁与粉末的使用
　　　洒粉　刨丝、刨粉末　挤酱、淋酱

030　蛋糕

032　**巧克力蛋糕**
032　六层黑巧克力
　　　Yellow Lemon | Andrea Bonaffini Chef

034　巧克力蛋糕搭新鲜水果
　　　寒舍艾丽酒店 | 林照富　点心房副主厨

036　古典巧克力蛋糕佐白巧克力抹茶酱
　　　北投老爷酒店 | 陈之颖　集团顾问兼主厨　李宜蓉　西点师傅

038　巧克力蛋糕佐巧克力布丁
　　　台北喜来登大饭店安东厅 | 许汉家　主厨

040　浓郁巧克力搭芝麻脆片
　　　寒舍艾丽酒店 | 林照富　点心房副主厨

042　巧克力黑沃土配百香果奶油及覆盆子雪贝
　　　Angelo Aglianó Restaurant | Angelo Aglianó　Chef

044　榛果柠檬
　　　香格里拉台北远东国际大饭店 | 董锦婷　甜点主厨

046　小任性
　　　Le Ruban Pâtisserie法朋烘焙甜点坊 | 李依锡　主厨

048　经典沙哈蛋糕
　　　亚都丽致丽致坊 | 苏益洲　主厨

050　伯爵茶巧克力
　　　台北君品酒店 | 王哲廷　点心房主厨

052　栗栗在慕
　　　维多丽亚酒店 | Marco Lotito Chef

054　巧克力熔岩蛋糕
　　　Terrier Sweets小梗甜点咖啡 | Lewis Chef

056　融心巧克力
　　　Le Ruban Pâtisserie法朋烘焙甜点坊 | 李依锡　主厨

058　橙香榛果巧克力
　　　台北君品酒店 | 王哲廷　点心房主厨

060　**黑森林与白森林**
060　主厨特制黑森林
　　　亚都丽致巴黎厅1930 | Clément Pellerin　Chef

062　德式白森林蛋糕
　　　亚都丽致丽致坊 | 苏益洲　主厨

064　德式黑森林
　　　台北喜来登大饭店安东厅 | 许汉家　主厨

066　**起司蛋糕**
066　草莓
　　　MUME | Chen　Chef

068　缤纷春天
　　　MARINA By DN 望海西餐厅 | DN Group

070　低脂柠檬乳酪
　　　台北君品酒店 | 王哲廷　点心房主厨

072　草莓起司白巧克力脆片
　　　台北喜来登大饭店安东厅 | 许汉家　主厨

074　柳橙起司糖渍水果柳橙糖片
　　　台北喜来登大饭店安东厅 | 许汉家　主厨

076　低脂芙蓉香柚起司蛋糕
　　　寒舍艾丽酒店 | 林照富　点心房副主厨

078　缤纷起司拼盘
　　　北投老爷酒店 | 陈之颖　集团顾问兼主厨
　　　　　　　　　李宜蓉　西点师傅

080　白色恋人
　　　Le Ruban Pâtisserie法朋烘焙甜点坊 | 李依锡　主厨

082　蓝宝石起司蛋糕
　　　亚都丽致丽致坊 | 苏益洲　主厨

084　**帕芙洛娃**
084　帕芙洛娃
　　　Yellow Lemon | Andrea Bonaffini　Chef

086　**水果蛋糕**
086　香蕉可可蛋糕佐咖啡沙巴翁
　　　德朗餐厅 | 李俊仪　甜点副主厨

088　金橘马丁尼杯与香蕉芒果雪贝
　　　Angelo Aglianó Restaurant | Angelo Aglianó　Chef

090　**香草蛋糕**
090　原味香草
　　　Le Ruban Pâtisserie法朋烘焙甜点坊 | 李依锡　主厨

092　**牛奶蛋糕**
092　纯白蜜桃牛奶
　　　亚都丽致巴黎厅1930 | Clément Pellerin　Chef

094　**抹茶蛋糕**
094　抹茶蛋糕·蛋白脆片
　　　台北喜来登大饭店安东厅 | 许汉家　主厨

096　**舒芙蕾**
096　小梗舒芙蕾蛋糕
　　　Terrier Sweets小梗甜点咖啡 | Lewis　Chef

098　红莓舒芙蕾
　　　台北君悦酒店 | Julien Perrinet　Chef

100　佛流伊舒芙蕾
　　　Nakano甜点沙龙 | 郭雨函　主厨

102　栗子薄饼舒芙蕾
　　　Start Boulangerie面包坊 | Joshua　Chef

104　温马卡龙佐香草冰淇淋
　　　台北喜来登大饭店安东厅 | 许汉家　主厨

106　**芭芭蛋糕**
106　兰姆酒渍蛋糕与综合野莓及蜂蜜柚子
　　　Angelo Aglianó Restaurant | Angelo Aglianó　Chef

108　法式芭芭佐水果糖浆与香草香堤
　　　S.T.A.Y. STAY & Sweet Tea | Alexis Bouillet　驻台甜点主厨

110　**提拉米苏**
110　提拉米苏与咖啡冰淇淋
　　　Angelo Aglianó Restaurant | Angelo Aglianó　Chef

112　提拉米苏
　　　Terrier Sweets小梗甜点咖啡 | Lewis　Chef

114　**巴伐利亚**
114　羽翼巴伐利亚
　　　Nakano甜点沙龙 | 郭雨函　主厨

116　**蛋糕卷**
116　原味蛋糕卷
　　　Le Ruban Pâtisserie法朋烘焙甜点坊 | 李依锡　主厨

118　草莓香草卷
　　　香格里拉台北远东国际大饭店 | 董锦婷　甜点主厨

120　森林卷
　　　维多丽亚酒店 | Marco Lotito　Chef

122　莓果生乳卷
　　　台北君品酒店 | 王哲廷　点心房主厨

124　**欧培拉**
124　欧培拉
　　　WUnique Pâtisserie无二烘焙坊 | 吴宗刚　主厨

126 欧培拉蛋糕
亚都丽致丽致坊 | 苏益洲 主厨

128 抹茶欧培拉佐芒果雪贝
香格里拉台北远东国际大饭店 | 董锦婷 甜点主厨

130 **蒙布朗**
130 蒙布朗搭栗子泥与蛋白霜
盐之华法式料理厨房 | 黎俞君 厨艺总监

132 勃朗峰
Terrier Sweets小梗甜点咖啡 | Lewis Chef

134 **综合蛋糕**
134 糖工艺三层架
Nakano甜点沙龙 | 郭雨函 主厨

136 半米的甜点盛缎
S.T.A.Y. STAY & Sweet Tea | Alexis Bouillet 驻台甜点主厨

138 **慕斯**

140 **巧克力慕斯**
140 八点过后
MARINA By DN 望海西餐厅 | DN Group

142 黑蒜巧克力慕斯
MARINA By DN 望海西餐厅 | DN Group

144 巧克力慕斯衬焦化香蕉及大溪地香草冰淇淋
L'ATELIER de Joël Robuchon à Taipei | 高桥和久 甜点主厨

146 巧克力慕斯球佐咖啡布蕾
盐之华法式料理厨房 | 黎俞君 厨艺总监

148 白巧克力慕斯
WUnique Pâtisserie无二烘焙坊 | 吴宗刚 主厨

150 两种巧克力
维多丽亚酒店 | Marco Lotito Chef

152 **起司慕斯**
152 粉红白起司慕斯
台北君品酒店 | 王哲廷 点心房主厨

154 **抹茶慕斯**
154 缤纷方块
Nakano甜点沙龙 | 郭雨函 主厨

156 **薰衣草慕斯**
156 蜂蜜薰衣草慕斯佐香甜玫瑰酱汁
寒舍艾丽酒店 | 林照富 点心房副主厨

158 **咖啡慕斯**
158 柠檬咖啡慕斯
WUnique Pâtisserie无二烘焙坊 | 吴宗刚 主厨

160 **水果慕斯**
160 草莓
Yellow Lemon | Andrea Bonaffini Chef

162 野莓宝盒
台北君悦酒店 | Julien Perrinet Chef

164 白巧克力芒果慕斯
寒舍艾丽酒店 | 林照富 点心房副主厨

166 芒果慕斯配芒果冰淇淋
台北喜来登大饭店安东厅 | 许汉家 主厨

168 黑醋栗椰子慕斯
香格里拉台北远东国际大饭店 | 董锦婷 甜点主厨

170 青苹果慕斯
MARINA By DN 望海西餐厅 | DN Group

172 芒果慕斯奶酪
香格里拉台北远东国际大饭店 | 董锦婷 甜点主厨

174 焦糖桃子慕斯佐柑橘酱
寒舍艾丽酒店 | 林照富 点心房副主厨

176 蜜桃恋情
台北君悦酒店 | Julien Perrinet Chef

178 缤夏风情
台北君悦酒店 | Julien Perrinet Chef

180 塔派

182 **巧克力塔**
182 巧克力塔
Start Boulangerie面包坊 | Joshua Chef

184 巧克力塔
WUnique Pâtisserie无二烘焙坊 | 吴宗刚 主厨

186 南风吹过
Terrier Sweets小梗甜点咖啡 | Lewis Chef

188 卡西丝巧克力塔
香格里拉台北远东国际大饭店 | 董锦婷 甜点主厨

190 相遇——白巧克力与哈密瓜
维多丽亚酒店 | Marco Lotito Chef

192 **柠檬塔**
192 解构柠檬塔佐莱姆与香草雪酪
S.T.A.Y. STAY & Sweet Tea | Alexis Bouillet 驻台甜点主厨

194 柠檬塔
Start Boulangerie面包坊 | Joshua Chef

196 柠檬塔
盐之华法式料理厨房 | 黎俞君 厨艺总监

198　心酸
　　Terrier Sweets小梗甜点咖啡 | Lewis　Chef

200　柠檬点点
　　WUnique Pâtisserie无二烘焙坊 | 吴宗刚　主厨

202　**苹果塔派**
202　苹果塔
　　Start Boulangerie面包坊 | Joshua　Chef

204　苹果塔焦糖酱与榛果粒
　　盐之华法式料理厨房 | 黎俞君　厨艺总监

206　青苹酥塔
　　台北君悦酒店 | Julien Perrinet　Chef

208　阿尔萨斯苹果塔
　　亚都丽致丽致坊 | 苏益洲　主厨

210　枫糖苹果派
　　德朗餐厅 | 李俊仪　甜点副主厨

212　翻转苹果塔
　　WUnique Pâtisserie无二烘焙坊 | 吴宗刚　主厨

214　翻转苹果派配冰淇淋
　　北投老爷酒店 | 陈之颖　集团顾问兼主厨　李宜蓉　西点师傅

216　**芒果塔**
216　芒果糯香椰塔
　　台北君悦酒店 | Julien Perrinet　Chef

218　仲夏芒果
　　Le Ruban Pâtisserie法朋烘焙甜点坊 | 李依锡　主厨

220　**蜜桃塔**
220　肉桂蜜桃布蕾塔
　　德朗餐厅 | 李俊仪　甜点副主厨

222　**草莓塔**
222　普罗旺斯草莓塔
　　寒舍艾丽酒店 | 林照富　点心房副主厨

224　**凤梨塔**
224　维多利亚塔
　　WUnique Pâtisserie无二烘焙坊 | 吴宗刚　主厨

226　**柑橘塔**
226　柑橘奏鸣曲
　　台北君悦酒店 | Julien Perrinet　Chef

228　**甜菜根塔**
228　粉红淑女
　　台北君悦酒店 | Julien Perrinet　Chef

230　**玉米塔**
230　玉米塔
　　Start Boulangerie面包坊 | Joshua　Chef

232　**巴斯克酥派**
232　经典巴斯克酥派佐莱姆果冻与糖衣甘草马斯卡彭杏桃球
　　　S.T.A.Y. STAY & Sweet Tea | Alexis Bouillet　驻台甜点主厨

234　**蛋白派**
234　蛋白盘子
　　　WUnique Pâtisserie无二烘焙坊 | 吴宗刚　主厨

236　**千层派**
236　期间限定千层
　　　Terrier Sweets小梗甜点咖啡 | Lewis　Chef

238　薄荷莓果千层佐莓果冰沙
　　　德朗餐厅 | 陈宣达　行政主厨

240　茶香覆盆子千层派
　　　S.T.A.Y. STAY & Sweet Tea | Alexis Bouillet　驻台甜点主厨

242　千层派
　　　WUnique Pâtisserie无二烘焙坊 | 吴宗刚　主厨

244　巧克力无花果千层
　　　Start Boulangerie面包坊 | Joshua　Chef

246　**千层酥**
246　焦糖千层酥
　　　Yellow Lemon | Andrea　Bonaffini　Chef

248　**全书主厨、店家索引**

总论

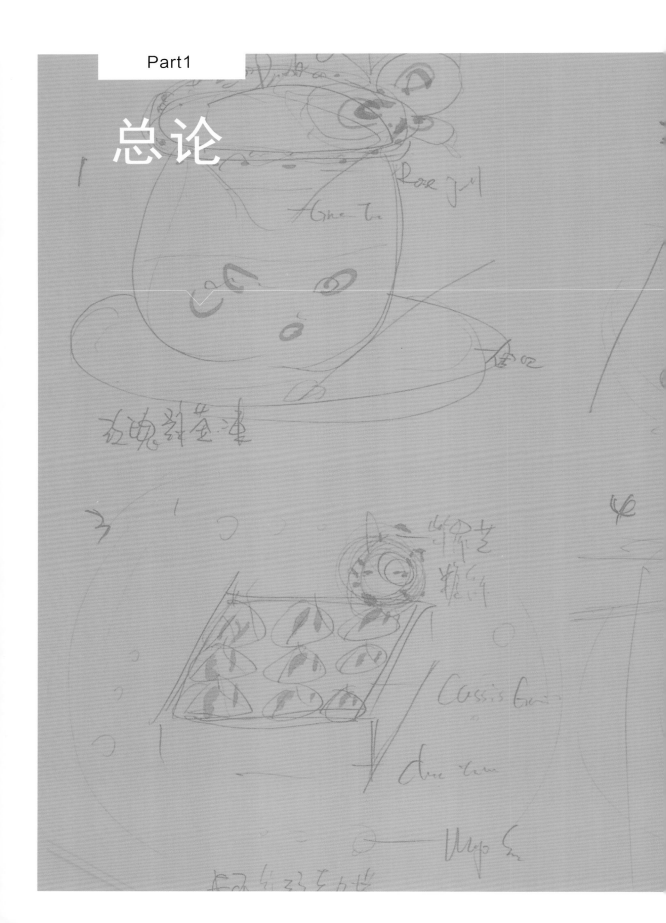

Concept

甜点盘饰╳基本概念

甜点盘饰是从食材出发的风格美学养成，为食用者构筑美好享受情境，以灵感为名，味觉主体为核心，借空间构图、色彩造型设定，创造甜点的细腻平衡，开启一场有温度的对话，传达创作者的初心。人气甜点Le Ruban Pâtisserie法朋烘焙甜点坊的主厨李依锡，通过多年经验的累积，为初学者归纳了几项成品甜点盘饰的基本概念。

chef

李依锡，现任Le Ruban Pâtisserie法朋烘焙甜点坊主厨。曾任香格里拉台南远东饭店点心房、大亿丽致酒店点心房、古华花园饭店点心房的主厨。对于法式甜点有着无限的迷恋与热情，并持续创作出令人惊艳与喜爱的甜点。不吝于传授专业知识与经验，让大家更轻松进入甜点的世界。

Inspiration
灵感&设计

●从模仿开始找到自己的风格
一开始练习摆盘，建议从模仿开始，选择自己喜欢的风格后开始下手，揣摩作品的设计结构、色彩等细节后，便能慢慢开始掌握摆盘方法，思考一样的素材能有什么样的创意，学习自己想要表达的美感。

●结构设计
摆盘的类型大约分为两种，一种是透过各种小份的食材组合而成；另一种则是成品的摆盘，也是初学者能够快速开始学习的类型，此种摆盘需特别注意要清楚表达成品的样貌，不要为了填满空间而装饰，例如已经摆了巧克力就不要再添加水果、酱汁等不相关、没有意义的装饰抢去风采，透过减法突显主体。也要记得整体构图的聚焦，例如主体如果足够明显就将装饰往外摆，并且不要疏忽立体感，可以试用不同角度或堆叠的手法呈现。

●色彩搭配
色彩搭配有两个基本原则，一是使用对比色强调主体，二是使色调协调，盘上的色彩彼此不互相掩盖。找到视觉的重心让画面得以平衡，并善用画龙点睛的效果。

Plate
器皿

● 线条

简单的线条能够突显主体，或者呼应主体；若盘子的线条复杂，则搭配简单的主体，减少画盘、饰片等装饰。

● 材质

器皿的材质能够传达不同的视觉感受，例如选择玻璃盘，能带给人透亮、清新、新鲜的感觉；木盘则能予人质朴、自然的感觉。

Ingredients
装饰材料

选择摆盘的装饰物时，要特别注意要和甜点主体的味觉搭配是一致的，摆放的东西建议是主体能够吃得到的，例如在盘面洒上肉桂，却发现蛋糕与肉桂完全无关，这样就不太恰当，试着由视觉延伸到味觉，使食用者看到材料就知道内容物是什么，融入到吃的时候的感觉才有连贯性，也才是盘饰的意义。

Steps
操作、摆放的重点

● 摆放位置与方向

要特别注意盘面上各个食材的位置不要彼此遮挡，让每个摆设都能发挥它的作用，基本上只要遵照一个原则：由后往前，然后由高而低，让平视时的视野能一眼望去，发挥多层次的效果。

● 主体大小与角度

主体大小与盘面和装饰物的比例很重要，要去思考呈现出来的效果，让主体小的甜点精巧，或者透过大量堆叠呈现硕大的美感。而主体摆放的角度，则是传达其特色的方法，让食用者一眼即能了解其结构、色彩与食材搭配，例如切片蛋糕通常会以斜面呈现其剖面结构。

● 画盘方法

画盘的基本原则是不要让画面显得脏乱，特别是与甜点主体做结合的时候，要观察是否会弄脏、沾染到饰片。

甜点盘饰×色彩搭配与装饰线条

色彩的运用是触动味蕾的重要因素。因此在摆盘的色彩选择上，L'ATELIER de Joël Robuchon à Taipei 的甜点主厨高桥和久，建议初学者首先要考虑到食材本身的颜色，才不会造成画面不协调，让食用者的视觉感到突兀。通常选用色系相近的食材，会让画面感觉舒服，如果初学者想尝试大胆的配色，在比例与呈现上就要特别小心。

Color —
Harmonious &
contras

基本配色方法——同色系与对比色

色彩搭配的方式有两种，一种是以同色系来搭配，这是属于比较温和、减低感官冲突的选择，例如巧克力本身是深褐色，相近的色调包括米色、黄色、橘色等，如焦糖、芒果、栗子等食材，都是巧克力搭配同色系不错的选择；另一种是以对比色来呈现，视觉上给人较大的冲突感，但是只要搭配得当，相对来说也会特别抢眼，例如以褐色来说，就可以找蓝色的食材来衬托。但是，天然食材很少是蓝色的，如果为了设计而故意选择特殊的颜色，或许整个摆盘看起来很漂亮，但却完全让人提不起食欲，便失去了甜点作为食物的意义。

--- **chef** ---

高桥和久，自幼对甜点就有高度热忱，从 Ecole Tsuji 毕业后便投身甜点世界。2005年，年仅26岁的高桥便获得世纪名厨 Joël Robuchon 赏识，成为其旗下得意弟子，目前担任 L'ATELIER de Joël Robuchon à Taipei 的甜点行政主厨，继续传承 Joël Robuchon 的料理精神。

Decorations —
Shape

小巧的装饰提升精致感

有时候，色彩的搭配是一种呈现方式，使用小巧的装饰或修饰也可以提高甜点的精致度。例如酱汁的呈现，可以利用一个容器盛装，也可以摆放在食材旁边，或者是直接淋在食材上。如果是把酱汁当作线条来呈现，粗的线条与细的线条，画法是直线或弯曲，都会影响作品整体的表现。除了使用线条，高桥主厨也会点缀一些装饰，例如在巧克力上加上一点点金箔，就能提升甜点的豪华感，不一定都要从色彩上去突显想要表达的意境，用心观察，学习使用一点小技巧，就可以了解每个甜点摆盘所要表达的意念。

Color —
Ingredients

以食材为出发点选择颜色

决定色彩如何搭配，要以食材为出发点，先决定好主要食材，再反观心中想要呈现的画面或风格。风格的选择可以从很多角度找到灵感，像是以盘子的造型去发想，或是以大自然风景为走向，亦或从主食材寻求灵感。多面向的取材，有助于自己的摆盘设计与配色选择。有别于传统甜点摆盘的严谨，现代的摆盘设计比较偏向个人化及自由挥洒。但是，高桥主厨建议摆盘之前，要先想象食用者吃的画面，想象对方会有怎样的表情与感受，而不是为了要做盘饰就特立独行、故意颠覆。要用心为吃的人完成甜点，不管是口感或摆盘，才是制作甜点最初的发心。

3

甜点盘饰╳灵感发想与创作

如何透过盘饰创作、表达心中的想象？亚都丽致巴黎厅1930的法国主厨Clément Pellerin擅长传统法式料理融合分子料理，让每一道料理或是甜点都像艺术品般奇想。他主张忘掉摆盘、忘掉构图，不要一开始就被盘饰的造型与构图框限，选定食材，再从生活中汲取灵感，并搭配适合的器皿，不断尝试、修正，直到贴近脑中想表达的画面为止。

--- chef ---

Clément Pellerin，生于法国诺曼底，具有传统法式料理扎实背景，曾于巴黎两间侯布雄米其林星级餐厅工作，也曾服务于爱尔兰、西班牙等地高级法式料理餐厅，并在上海、曼谷等地酒店担任主厨。擅长从不同文化中发掘灵感，目前为亚都丽致巴黎厅1930主厨。

Skills —
Observation
从模仿观察开始，学习盘饰技巧

盘饰的技巧要透过实际操作学习，主厨Clément Pellerin建议初学者从模仿开始，观察其他主厨操作的手法，例如要怎么才能让线条呈现出来的感觉具有流动感，或者粗犷、柔美；使用模具、配合食器、裁切塑形的堆叠技巧。体会不同色彩搭配带给食用者的感受，从模仿中体会主厨的思考与技巧运用，慢慢磨练自己的手感与技巧使用的灵活度。

PLATE OR NOT
从器皿选择思考，打破一般现有器皿的限制

器皿是传达整体画面的重点之一，以黑森林蛋糕为例，较常见的造型为6英寸(注：英寸是非法定计量单位，1英寸约等于2.54厘米)或8英寸的圆形，若以白色瓷盘盛装，会予人简洁、利落的形象；但若选用大自然素材，将树木切片作为木盘(见p.60)，重新解构传统的黑森林蛋糕，巧克力片如叶、巧克力酥饼如土，模拟森林画面，营造出自然原始的气息，并带出其主题概念，将整体视觉合而为一，便赋予传统甜点新的面貌。打破现有器皿的限制，尝试不同媒材、质地，选择如石头、树木等自然生活中可见的各式各样的素材。

LIVE A LIFE
以生活为灵感，用旅行累积创作想象

走访世界各地的 Clément Pellerin 主厨，热爱体验新事物，也热爱东方文化，多年前曾毅然决然到中国武当山上学习武功，因而净空思考，面对料理也回归事物、食材的本质，以生活为灵感，所思所想载于笔记中，厨房里的小白板写上天马行空的创作想象，并善用当地食材，从食材本身发想，透过整体创作展演，让画面连接记忆，记忆触动味蕾，传达甜点盘饰最初的意义。

装饰物造型
与种类

Decorations

CHOCOLATE
造型巧克力片

巧克力融化后可塑成各式各样的造型，能够简单装饰甜点，味觉上也容易搭配。配合使用刮板做成长条纹、波浪状；使用抹刀、汤匙抹成不规则片状；利用模具塑成特殊造型；撒上开心果、覆盆子、熟可可粒增加口感和立体感；将巧克力酱做成挤酱笔画出各种图样，或者利用转印玻璃纸印上不同花纹。

COOKIE
造型饼干

装饰甜点的造型饼干多会做得薄脆，避免太过厚重而抢去甜点主体的味道和风采。造型饼干具有硬度，能够增加甜点的立体感，延伸视觉高度，其酥脆的口感也能带来不同层次。

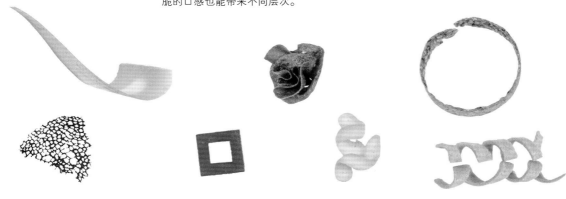

MERINGUE COOKIES
蛋白霜饼

蛋白与细砂糖高速打发后便成了蛋白霜，能直接用挤花袋挤出装饰甜点。可使用不同花嘴挤成水滴状、长条状等各式造型，烘烤成酥脆的口感，便能装饰甜点，增加立体感与口感。也可加入不同口味、不同颜色，做成各式各样的蛋白霜饼。

EDIBLE FLOWER & HERBS

食用花卉与香草

食用花卉色彩缤纷亮丽、姿态柔美，香草则富香气、鲜绿自然，两者小巧细致，能为甜点带来活力与生命力。

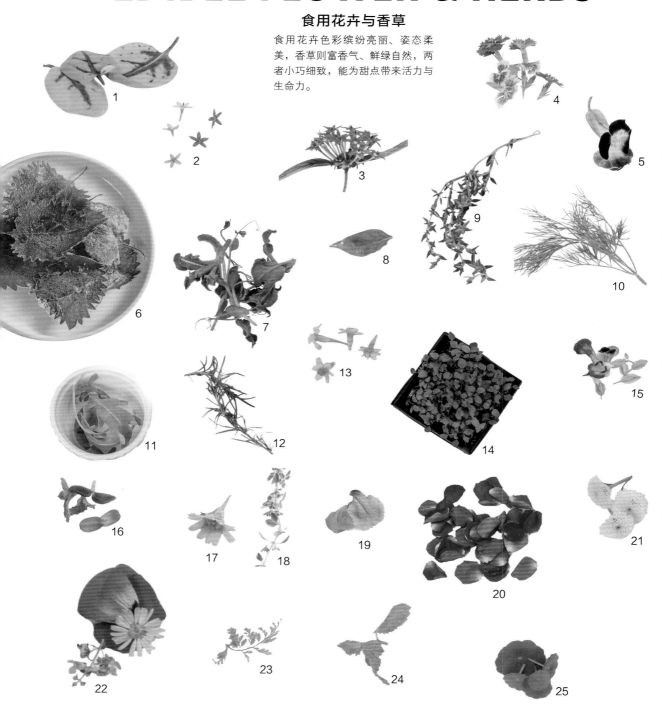

1. 红酸模叶 2. 繁星 3. 美女樱 4. 石竹 5. 三色堇 6. 紫苏叶 7. 冰花 8. 罗勒叶 9. 百里香叶 10. 茴香叶 11. 芝麻叶 12. 迷迭香 13. 万寿菊 14. 柠檬草 15. 夏堇 16. 葵花苗 17. 菊花 18. 柠檬百里香 19. 牵牛花 20. 玫瑰花瓣 21. 法国小菊 22. 桔梗、天使花 23. 巴西利 24. 薄荷 25. 金钱草

SUGAR
糖饰

糖饰分为糖片、珍珠糖片、拉糖、流糖、珍珠糖、造型糖等，透明具光泽的外形能带来精致高雅之感，并延伸立体感。或者可染上不同的颜色增加整体色彩的丰富度。要特别注意糖饰通常薄而易碎，盘饰时要小心轻拿，并注意欲装饰的主体是否会太过坚硬而无法插摆，而其制作需要等待糖浆冷却凝固成形，放在密封容器最多只能保存一天。

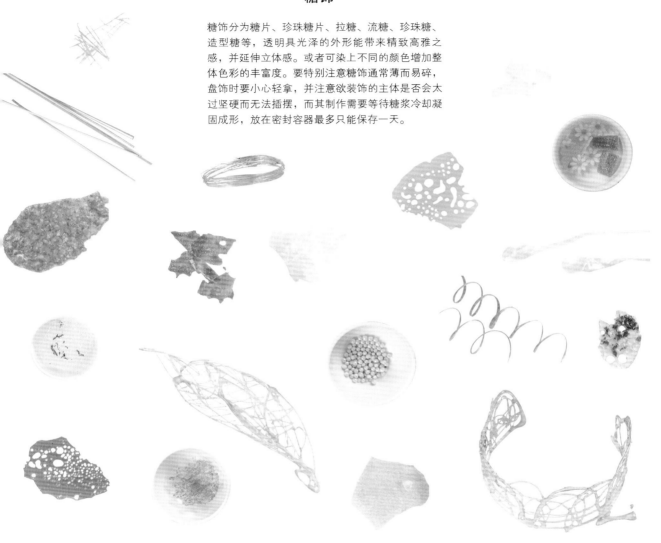

GOLD LEAF & SILVER LEAF
金箔与银箔

色泽迷人的金箔和银箔常用于点缀，适合用于各种色调的甜点，彰显奢华、赋予高雅之感。

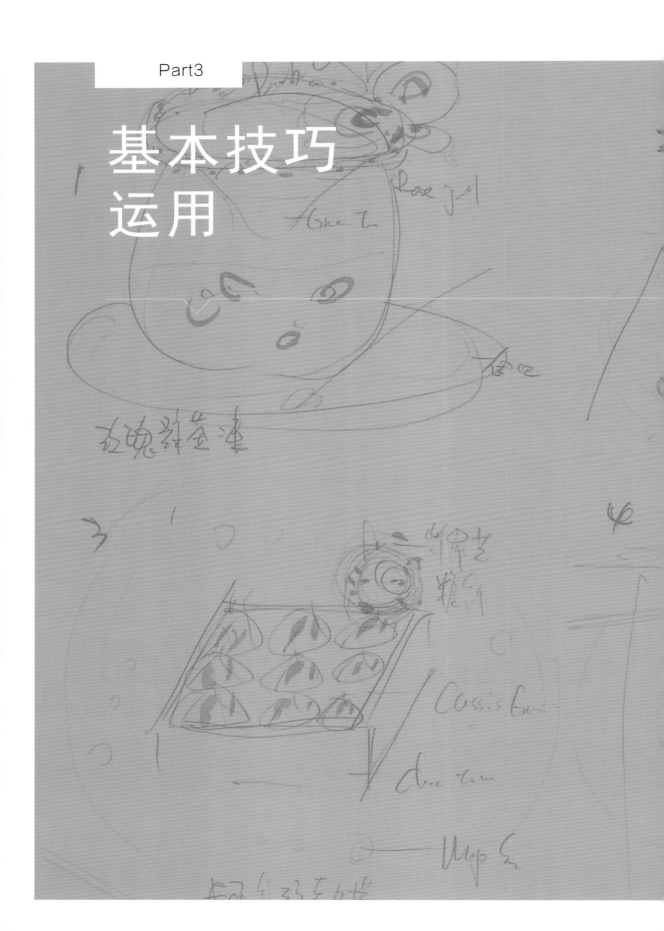

基本技巧
运用

Skills

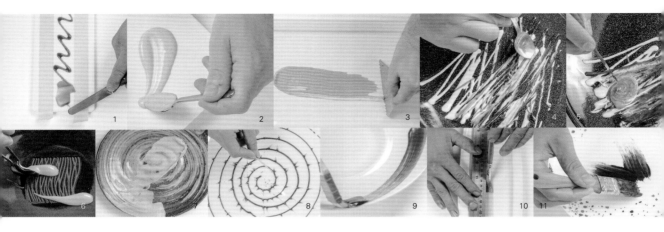

□刮
1. 利用纸胶带定出界线，并均匀挤上酱汁，最后再以抹刀刮出斜纹。
2. 汤匙舀酱汁，快速用匙尖刮出蝌蚪状。
3. 使用三角形刮板，刮出直纹线条。
4. 利用匙尖将酱汁刮成不规则线条。
5. 使用尖锐的工具如刀尖或牙签，将酱汁混色。
6. 汤匙舀酱断续刮出长短不一的线条。
7. 使用抹刀顺着不规则盘将酱汁结合盘面抹出不规则状的线条。
8. 使用牙签刮出放射状。

□刷
9. 使用宽扁粗毛刷。
10. 使用毛刷搭配钢尺画出直线。
11. 使用粗毛刷加上浓稠酱汁，画出粗糙、阳刚的线条。
12. 使用硬毛刷刷上偏水状的酱汁。
13. 使用毛刷搭配转台画圆。

□喷
14. 用喷雾增加画盘的色彩。

□甩
15. 汤匙舀酱汁，手持垂直状、手腕控制力量甩出泼墨般的线条。

□挤
16. 使用透明塑胶袋作为挤花、挤酱的袋子。
17. 使用挤酱罐，将酱汁挤成点状或者画成线条。
18. 使用专业挤花袋，方便更换花嘴。常见花嘴有圆形、星形、蒙布朗多孔、花瓣花嘴等。
19. 使用挤酱罐搭配转台画成圆形线条。

□盖
20. 将食用粉末以章印盖出形状。

□搓
21. 使用手指捏粉，轻搓于盘面，营造少量、自然的效果。
22. 使用手指捏粉，轻搓于盘面，形成想要的线条、造型。

□模具
23. 使用中空圆形模具，搭配转台，便能画出漂亮的圆。
24. 使用 Caviar Box（仿鱼卵酱工具）将酱汁挤成网点状。
25. 使用筛网搭配中空模具，将粉末洒成圆形。

□模板
26. 使用自制模板，并铺垫烘焙纸避免洒出。
27. 以烘焙纸裁剪成想要的造型，洒上双层粉末。

提示

□均匀

1. 可用手轻拍碗底，让酱汁均匀散开。
2. 可用手掌慢慢将颗粒状的食材摊平。
3. 轻敲垫有餐巾的桌面，将酱汁整平。

□没有转台的时候

将盘子放托盘上，并置于光滑桌面上高速转动，然后手持挤花袋在正中间先挤3秒，再以稳定速度往外拉。

1   2   3

Skills | **增色**

□镜面果胶

1. 使用镜面果胶增加慕斯表面的光泽，也能便于粘上其他食材，进行装饰。
2. 使用镜面果胶增加水果的亮度，保持表面光泽，防止干燥。

□烘烤

3. 使用喷枪烘烤薄片，使其边缘焦化，让线条更明显、色彩有更多变化。
4. 洒上糖再以喷枪烘烤，除了能够增加香气，也让食材的色彩有层次。

1   2

3   4

Skills | 固定、塑形

□加热
1. 易于软化的食材如蛋白霜，可烘烤固定其形状。
2. 可利用吹风机软化如饼干的薄片，塑成想要的形状。

□模具
3. 使用中空模具将偏液态、偏软的食材于内圈塑形。
4. 用中空模具将食材于外圈排成圆形。

□裁剪
5. 将食材裁剪，方便贴合盘面，适于摆盘。

□冷却
6. 因甜点盘饰常使用冰淇淋或者急速冷冻的手法，为避免上桌时融化，可于盘饰完成后倒上液态氮冷却定形。

□挖勺
7. 将冰淇淋挖成圆形。
8. 用长汤匙将冰淇淋、雪酪或雪贝挖成橄榄球状 (Quenelle)，摆上盘面前可以手掌摩擦汤匙底部，方便冰淇淋快速脱落，避免粘在汤匙上。

□黏着、固定
9. 使用镜面果胶黏着。
10. 使用水饴或葡萄糖，两者透明的液体便可不着痕迹地粘上装饰物或金银箔，有时也能作为花瓣露珠装饰。

11. 使用酱料固定食材，可蘸取该道甜点使用的酱料将食材粘在想要出现的位置。
12. 使用饼干屑、开心果碎或其他该道甜点的干燥碎粒状食材增加摩擦力，固定易滑动的食品。

提示

若想把颗粒状食材排成线状时，除了利用工具，也可以用手掌自然的弧度让线条更漂亮。

□洒粉

1. 以指尖轻敲筛网，控制洒粉量。

2. 以指尖轻敲筛网，铺垫纸于盘子下方，便能洒至全盘面。

3. 使用洒粉罐。

4. 以笔刷轻敲筛网，控制洒粉量。

5. 以汤匙轻敲筛网，控制洒粉量。

6. 以笔刷蘸粉轻点笔头，控制洒粉量。

□刨丝、刨粉末

7. 使用刨刀将柠檬皮刨成丝，使香气自然溢出。

8. 使用刨刀将蛋白饼刨成粉末状。

□挤酱、淋酱

9. 使用滴管吸取酱汁，控制使用量。

10. 使用针筒吸取酱汁，控制使用量。

11. 使用镊子夹取酱汁，控制使用量，并能自然滴上大小不一的点状。

12. 使用挤酱罐。

┌─── 提示 ───┐

可利用抹刀定出酱料预挤的量与高度，搭配挤花袋或挤酱罐，方便控制使用量。

实例
示范

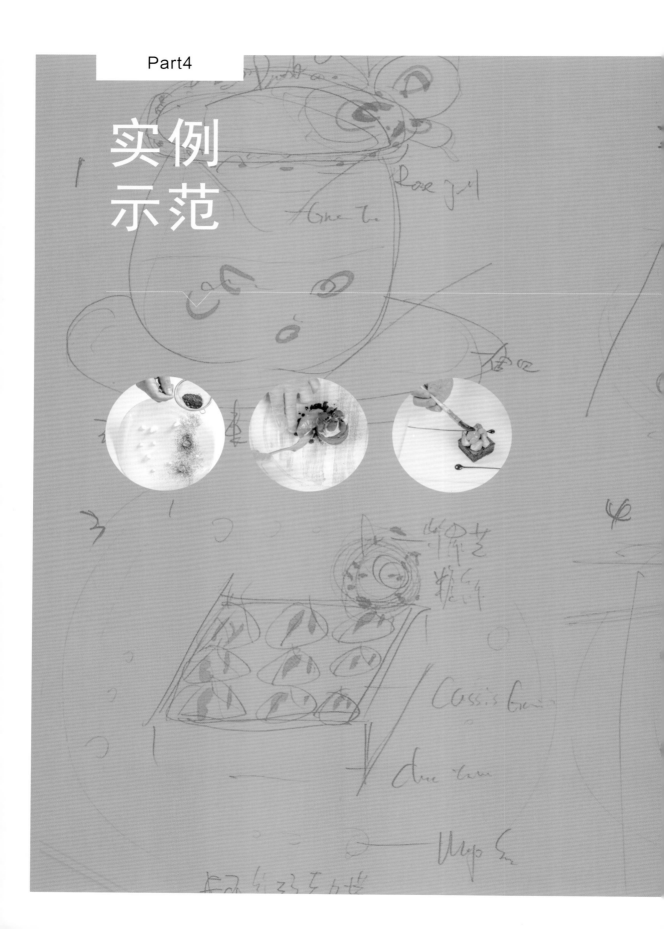

Plated Dessert

Plated Dessert

CAKE

蛋 糕

Yellow Lemon | Andrea Bonaffini Chef

以白盘为画布
恣意挥洒高张力的即兴画

抽象派画家杰克逊·波拉克(Jackson Pollock)的创作受到超现实主义影响，采用强烈的对比色，将巨幅画布放在地上，以滴、流、洒的方式透过身体律动和地心引力作画，在创作前即想好大致的方向、概念、色彩与层次，最后再让直觉引领自己移动。此道六层黑巧克力便是仿效杰克逊·波拉克的画作，在如画布般的大白盘上，用苦甜的深褐巧克力酱、清香的乳白色香草酱、微苦的淡绿色绿茶酱、香甜的金黄色芒果酱、酸酸的红色覆盆子酱，随兴甩出形状各异、深浅不同却均匀分布、完美交融的点和线，最后放上以六种不同的法芙娜巧克力制成的六层黑巧克力蛋糕，形成多重层次视觉、味觉，富强烈情绪张力的盘饰。

器皿

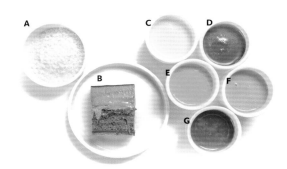

白色大圆盘

瑞典的 RAK Porcelain 白色圆盘面积大而平坦，表面
光滑，适合当作画布在上面尽情挥洒，也能带出时尚
感。其盘缘有高度，能避免大量的酱汁溢出。

■ Ingredients
材料

A 海盐	**D** 巧克力酱	**G** 覆盆子酱
B 六层黑巧克力蛋糕	**E** 芒果酱	
C 香草酱	**F** 绿茶酱	

■ Step by step
步骤

1

手拿汤匙，将香草酱恣意甩、滴在盘中，
使其呈不规则的点和线。

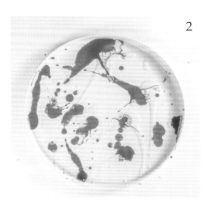

2

将覆盆子酱以同样方式挥洒在盘中，尽
量和香草酱错开。

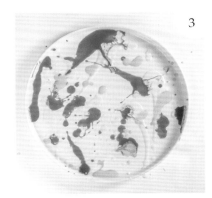

3

将绿茶酱以同样方式挥洒在盘中，和其
他颜色的酱错开，线条长短不一。

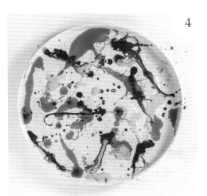

4

将巧克力酱以同样方式挥洒在盘中，和
其他颜色的酱错开。

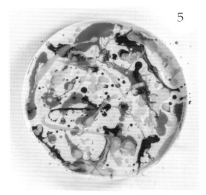

5

将芒果酱均匀洒在盘中空白处。

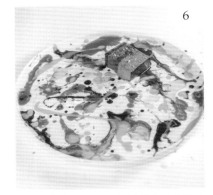

6

用抹刀将六层黑巧克力蛋糕放在盘子右
上角，再撒上一些海盐即成。

提示：酱汁不能调得太稀，避免糊成一团。
甩酱时，汤匙拿成直的，运用手腕的力量控
制使酱不会甩得太远。甩酱顺序由浅到深，
避免浅色酱汁盖不住深色酱汁。

Chocolate Cake with Fresh Fruit

巧克力蛋糕搭新鲜水果

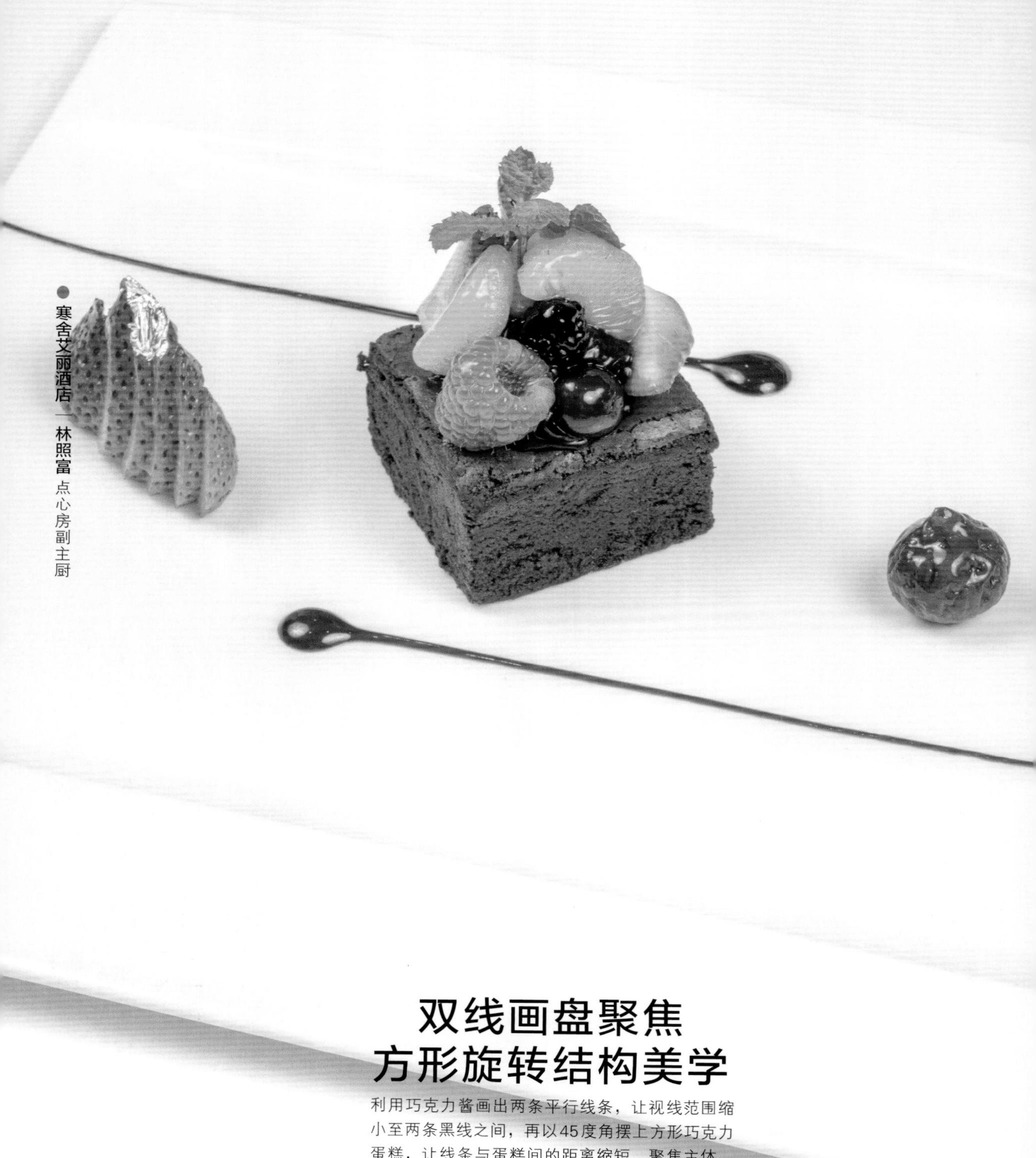

● **寒舍艾丽酒店 — 林照富** 点心房副主厨

双线画盘聚焦 方形旋转结构美学

利用巧克力酱画出两条平行线条，让视线范围缩小至两条黑线之间，再以45度角摆上方形巧克力蛋糕，让线条与蛋糕间的距离缩短，聚焦主体，而一旁的草莓也如风琴般拖曳开来并形成一斜线，整体以线条结构相互紧扣以平衡画面，让造型简单的蛋糕不显单薄。

器皿

正方形白盘

正方形盘面予人安定、平和且有个性的形象，存在感强烈，需要特别注意食材与盘子线条的平衡，因此采用线状与方形蛋糕相呼应，而此盘面为双边长条状，使摆放位置缩小，向内聚焦。

材料

A 巧克力甘纳许
B 银箔
C 巧克力酱
D 黑覆盆子
E 覆盆子
F 无花果干
G 橘子
H 薄荷叶
I 草莓
J 巧克力蛋糕
K 镜面果胶（图中未显示）

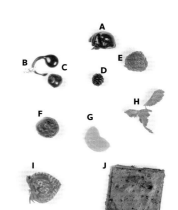

步骤

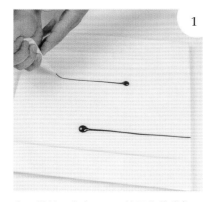

盘子横放，自盘面 1/3 处用挤花袋将巧克力酱挤出圆点再横向拉出一条直线，并于对向以同样的手法再画一条。

将巧克力蛋糕斜放在盘中央，并于其顶端将巧克力甘纳许用星形花嘴挤花袋挤上一圈。

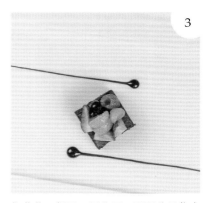

将草莓、橘子、覆盆子、黑覆盆子依序粘在巧克力甘纳许上。

将水果上刷上镜面果胶以增加表面光泽。

在巧克力蛋糕一侧放上切片并排的草莓，另一侧则放上无花果干。

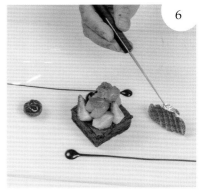

将一小株薄荷叶缀于水果上，再于切片并排的草莓上点缀银箔。

方寸之间的当代艺术画

以常见的留白手法为基础做变化，选用带有手绘感线条的白色大圆盘，用白巧克力抹茶酱浇淋出相似的线条呼应，并连接盘面线条缺口，让视线自然而然由外圈与大片留白聚焦至甜点的主要区块，再向上延伸至以方块堆高的主体——古典巧克力蛋糕。整体以小巧多样的块状食材拉出点、线、面，共构出画面的平衡。

北投老爷酒店 — 陈之颖 集团顾问兼主厨 李宜蓉 西点师傅

器皿

手绘线条白圆盘

白色圆盘面积大而平坦，适合当作画布，并能有大量
留白演绎空间，其表面光滑，边缘有手绘感不规则线
条，为简单的白盘增添艺术感，并与画盘线条相互呼
应。

材料

A 古典巧克力蛋糕
B 草莓
C 食用玫瑰花瓣
D 白巧克力抹茶酱
E 蓝莓
F 百香果法式软糖
G 蓝莓法式软糖
H 蛋白糖

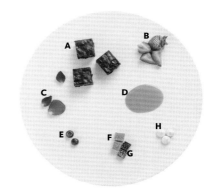

步骤

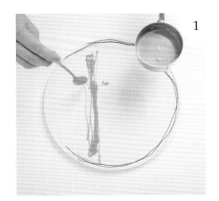

1

汤匙舀白巧克力抹茶酱于盘面 1/3 处纵
向来回淋上，画出随兴不拘的线条。

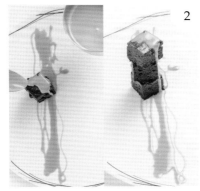

2

将三块古典巧克力蛋糕于白巧克力抹茶
酱画盘线条的 2/3 处，向上以不同角度
堆叠，再于其顶端一角淋上白巧克力抹
茶酱，使其自然流泻。

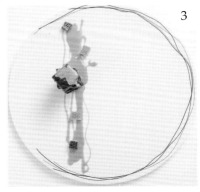

3

百香果法式软糖和蓝莓法式软糖各两
颗，平均交错放在白巧克力抹茶酱画盘
线条上。

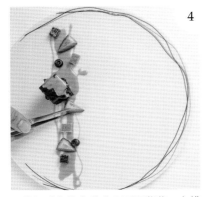

4

三块切成角状的草莓和两颗蓝莓，交错
穿插摆放于法式软糖之间，草莓切面朝
上。

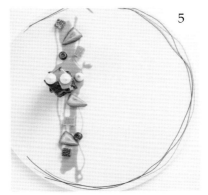

5

将两颗蛋白糖放在古典巧克力蛋糕顶
端，并于一旁的白巧克力抹茶酱上放上
一颗。

6

将三片大小不一的食用玫瑰花瓣，缀于
古典巧克力蛋糕顶端和白巧克力抹茶酱
画盘线条的两端。

台北喜来登大饭店安东厅 —— 许汉家 主厨

同中存异 同色系集中堆叠
巧克力家族的风情万种

以巧克力为主题的创意摆盘，沿着画盘弧线摆放巧克力蛋
糕、巧克力布丁、巧克力甘纳许、巧克力脆饼等系列元素，
集中展演巧克力绵密的分量感，及浓郁、爽脆、冰凉交织的
多样面貌。若摆放两块脆饼、两球冰淇淋等重复食材，则可
以不同角度交错摆放，使整体视觉更有层次。

器 皿

材 料

A 巧克力脆饼
B 巧克力甘纳许
C 巧克力布丁
D 巧克力微波蛋糕
E 巧克力碎
F 巧克力蛋糕
G 巧克力酱

陶瓷圆平盘

德国的 Rosenthal studio-line 圆平盘洗练而有质感，可清楚烘托以相似元素食材堆叠的巧克力食材纹理，又不显焦点杂乱，并能有大片留白带出时尚、空间感。

■ Step by step

步 骤

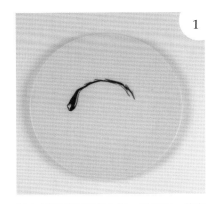 1

以小汤匙蘸取巧克力酱，于盘面一端自然画出一道先粗后细的小弧线。

 2

于弧线画盘的细端摆上巧克力蛋糕。

 3

沿着弧线洒上巧克力碎。

 4

撕取巧克力微波蛋糕，同样沿着弧线画盘摆上，并点缀数颗巧克力甘纳许。

 5

挖取两勺巧克力布丁成橄榄球状，交错放于盘中。

 6

以不同角度摆上两片巧克力脆饼，完成摆盘。

提示：建议先将汤匙浸热水再挖取巧克力布丁，可使手感滑顺，并让布丁表面光滑。

Dark Chocolate
Cake with Sesame Tuile
浓郁巧克力搭芝麻脆片

寒舍艾丽酒店—林照富 点心房副主厨

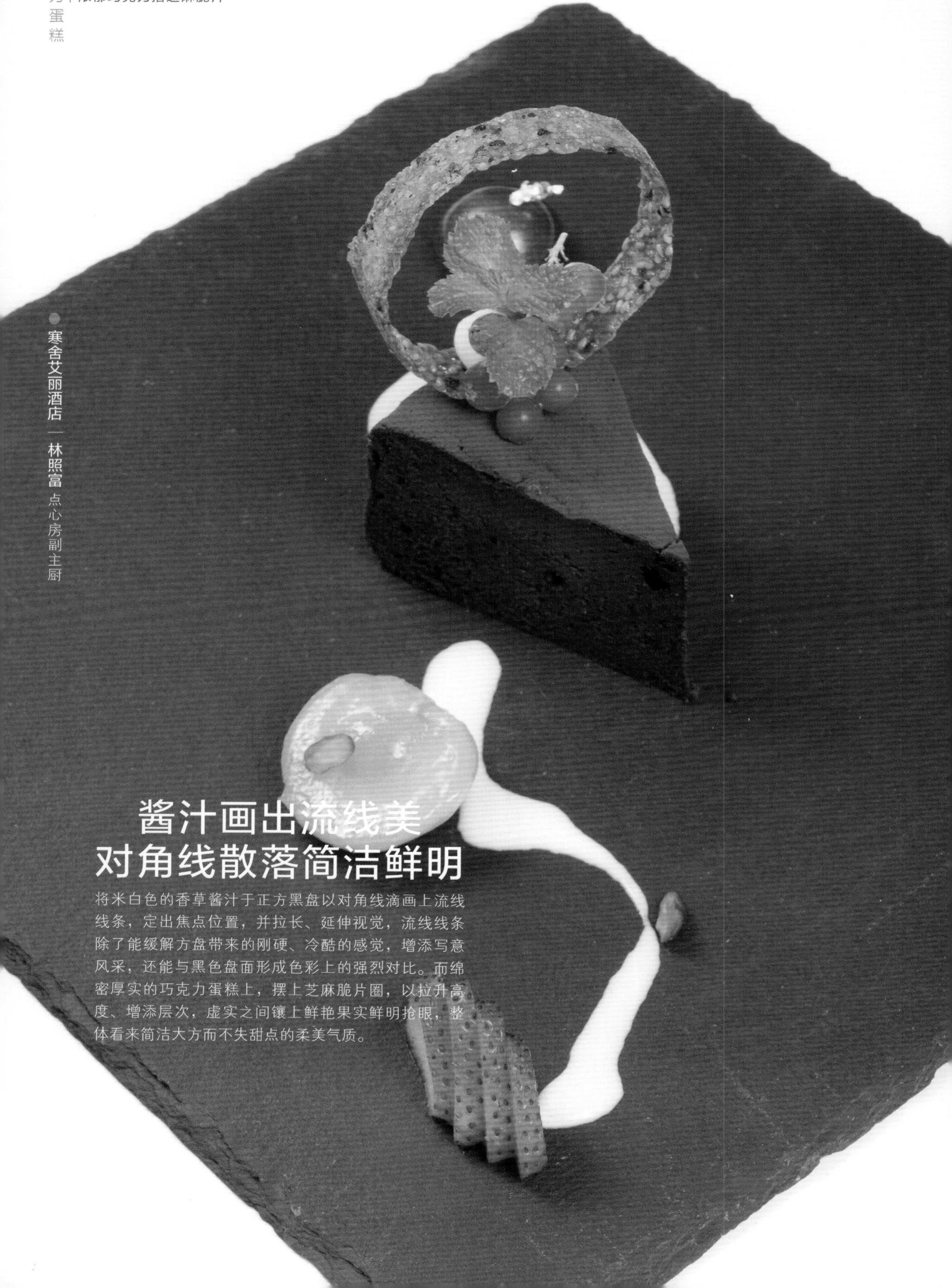

酱汁画出流线美 对角线散落简洁鲜明

将米白色的香草酱汁于正方黑盘以对角线滴画上流线线条，定出焦点位置，并拉长、延伸视觉，流线线条除了能缓解方盘带来的刚硬、冷酷的感觉，增添写意风采，还能与黑色盘面形成色彩上的强烈对比。而绵密厚实的巧克力蛋糕上，摆上芝麻脆片圈，以拉升高度、增添层次，虚实之间镶上鲜艳果实鲜明抢眼，整体看来简洁大方而不失甜点的柔美气质。

器皿

黑色方岩盘

法国的 Revol 玄武岩盘，方形平盘无盘缘，创作空间
大，适合以画盘为主的盘饰，又其深色盘面能衬托鲜
艳色彩，加强对比。

材料

- A 青苹果柠檬果冻
- B 薄荷叶
- C 可可粉
- D 杏桃
- E 巧克力蛋糕
- F 芝麻脆片圈
- G 覆盆子草莓酱
- H 开心果
- I 香草酱
- J 草莓
- K 卡士达酱
- L 红醋栗

■ Step by step
步骤

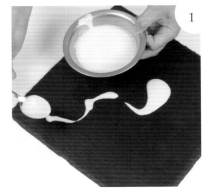

1

将盘子摆成菱形，汤匙舀香草酱从中心
往右方滴画出 S 线条。

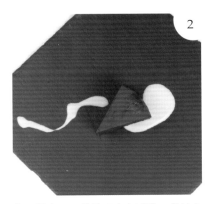

2

将已撒上可可粉的巧克力蛋糕，斜放在
盘中央。

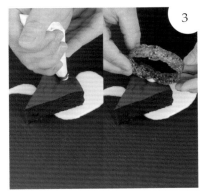

3

在巧克力蛋糕偏后方挤上一小球卡士达
酱，再将芝麻脆片圈立粘于其上。

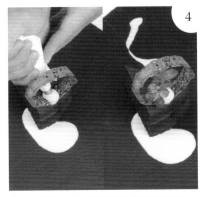

4

接续步骤 3，于芝麻脆片圈的底部挤上
一球卡士达酱，再将一串红醋栗与薄荷
叶粘于其上作为装饰。

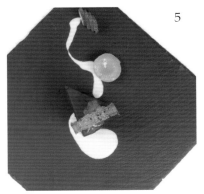

5

于香草酱画盘线条中段放上杏桃，再于
酱汁末端放上覆盆子草莓酱，放上切片
并排的草莓。

6

将开心果缀于酱汁与杏桃上，再沿香草
酱对角线放上一颗青苹果柠檬果冻。

经典意式色调
浑然天成的亮丽活泼

以自然食材交互运用红、绿、黑等意式配色，是这道巧克力蛋糕的摆盘特色。薄荷叶与蛋糕侧边的开心果碎形成难以忽视的大面积青绿，与覆盆子雪贝、鲜果的红同样成为视觉重心。巧克力燕麦既呼应巧克力蛋糕的质地，也带出爽脆的口感层次。蛋糕顶端的奶油挤花建议选用球状，会比长条状更可爱美观；而交错摆放的覆盆子表面与内侧的果肉剖面，则可使视觉纹理更丰富多元。

● Angelo Aglianó Restaurant

| Angelo Aglianó Chef

器 皿

白瓷镶边圆盘

盘沿略高的白瓷圆盘，色调明净，可衬托食材丰富色彩，也可避免巧克力燕麦、覆盆子粉杏仁角等粉粒散溢。

■ Ingredients

材料

A 覆盆子粉杏仁角   E 覆盆子

B 巧克力燕麦   F 百香果芒果奶油

C 覆盆子雪贝   G 薄荷叶

D 巧克力蛋糕裹开心果碎

■ Step by step

步 骤

1

舀取一匙巧克力燕麦，置于盘面中间偏一侧，用以固定最后装饰的雪贝。

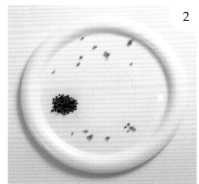

2

抓取适量覆盆子粉杏仁角，沿圆盘周边随意缀洒。

3

于盘面中央水平摆放巧克力蛋糕，将裹有开心果碎的绿色蛋糕侧边清楚展露。

4

于蛋糕表面挤上八小球水滴状的百香果芒果奶油，于盘面也挤上一小球。

5

于蛋糕体、盘面奶油上装饰剖半的覆盆子，再于蛋糕体上小心洒上巧克力燕麦，并插上数片薄荷叶。

6

于盘面一角的巧克力燕麦上斜摆上挖成橄榄球状的覆盆子雪贝。

三线共构视觉重心
主次分明的双人秀

为了让主角欧帕莉丝巧克力和配角香草冰淇淋主次分明，选择黑白分明的法国 Revol 盘组。整体采后高前低、三线同心交错与黑白对比的原则。深褐色欧帕莉丝巧克力斜放在黑岩盘上，与两条线交叉共构视觉重心。线条延伸至白盘连接配角，配角香草冰淇淋置于前方白盘，两者共同出演一场精采的默剧。

香格里拉台北远东国际大饭店 — 董锦婷 甜点主厨

器 皿

黑白方盘组

异材质拼接的法国 Revol 方盘，一白一黑，一大一小，
一光滑一粗糙。白瓷盘明亮大气、聚焦视线，内嵌自
然粗犷的黑色岩盘，长方盘上主次分明，呼应欧帕莉
丝巧克力的粗糙表面。

材 料

A 蛋白饼	**E** 糖圈	**I** 香料焦糖酱
B 欧帕莉丝巧克力	**F** 覆盆子	**J** 干燥百香果碎
C 糖片	**G** 香草冰淇淋	**K** 银箔（图中未显示）
D 开心果碎	**H** 柠檬	

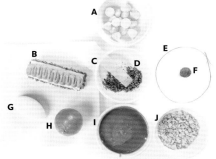

步 骤

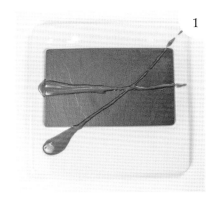

1

用匙尖将香料焦糖酱在黑盘中间由左到
右刮出一条线，再从白盘由左下到右上
刮出一条直线。

2

将欧帕莉丝巧克力斜放在香料焦糖酱两
线交叉处。

3

刨一些柠檬皮屑，让它落在盘子右上的
三角形内。

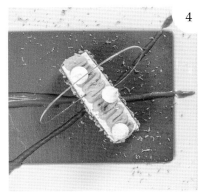

4

将三个蛋白饼交错放在欧帕莉丝巧克力
上。将糖圈立插在欧帕莉丝巧克力上。

5

银箔粘在糖圈顶端，干燥百香果碎和开
心果碎撒在盘子下方成一直线，用以固
定香草冰淇淋。

6

香草冰淇淋放在干燥百香果碎和开心果
碎上，斜斜黏上白色糖片，再缀上一颗
覆盆子即可。

● Le Ruban Pâtisserie 法朋烘焙甜点坊 —— 李依锡 主厨

娇俏刁蛮
春夏的任性色调

"小任性"以柑橘类水果搭配浓郁的苦甜巧克力蛋糕为核心要素，诠释少女娇蛮任性，无论撒娇、生气、开心都深具吸引力的青春特质。糖渍柳橙片的大面积三角形构图非常鲜明地点出主题，传达轻快鲜艳的春夏氛围，而草莓、蓝莓、开心果等点缀，则以缤纷色彩强化活泼感。将糖渍柳橙片洒糖略烤，可使果肉纤维线条更明显有层次。

器 皿

材 料

A 蓝莓

B 橘子巧克力蛋糕

C 开心果

D 草莓块

E 糖渍柳橙片

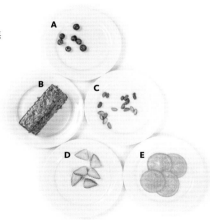

白色浮雕瓷圆盘

因食材本身已相当缤纷多样，故选用简单的丹麦 Royal Copenhagen 白圆盘，以最干净大方的方式烘托。盘缘有纵向切入的浮雕线条与盘子形状垂直，有向外拓展的感觉，能增加分量感，扇纹雕刻则予人典雅之感。

步 骤

1

以抹刀将橘子巧克力蛋糕以 45 度角盛盘，斜着摆放可增加视觉的生动感。

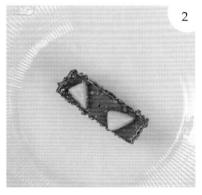
2

将两个切成角状的草莓块交错置于蛋糕顶端。切面朝上。

3

将三颗蓝莓置于蛋糕顶端，与草莓块交错。

4

将糖渍柳橙片分别置于蛋糕与盘面三点，使柳橙片形成鲜明的三角形构图。

5

将剖半的蓝莓、切成角状的草莓和开心果平均缀于盘面。蓝莓和草莓切面朝上。

从此成了撒哈拉
可可粉与波浪盘的沙丘岁月

沙哈蛋糕是奥地利的皇室甜点，以香浓巧克力结合杏桃的酸甜著名，相传源自于十九世纪维也纳的创作者之名，在一场世界级的会议中以此蛋糕惊叹众人，而后经历一连串的配方继承、家族兴衰与长达七年的官司纷争等等，长长的历史直至今日，每年的12月5日仍为国定沙哈蛋糕日 (National Sachertort Day)。而此道盘饰以蛋糕外形为发想，并巧妙将其译名"沙哈蛋糕"谐转为"撒哈拉沙漠" (Sahara Desert)，成了盘中沙漠之景。利用可可粉营造细沙的质感，与鲜奶油沿着盘面起伏成丘，蛋糕则切块如沙漠中的建筑，小窗、平顶、厚泥墙随着岁月而倾倒，缀以酥菠萝、蜜饯小果、巴芮脆片、薄荷叶和蔓越莓等不同自然色彩，如同一片荒漠中的绿洲，有一段丰富的历史。

● 亚都丽致丽致坊 —— 苏益洲 主厨

器皿

波浪圆盘

为呈现沙漠之景，选择此盘缘上下起伏、波浪状的圆盘，让可可粉随着盘面成了沙丘。

材料

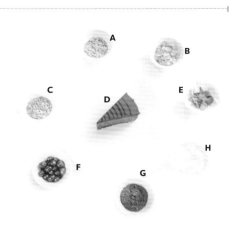

A 酥菠萝
B 蜜饯小果
C 巴芮脆片
D 沙哈蛋糕
E 薄荷叶
F 蔓越莓
G 可可粉
H 香草奶油

■ Step by step

步骤

1

将香草奶油以挤花袋，或大或小挤在盘中，记得在盘中间留下空间摆放蛋糕。

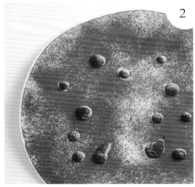
2

用筛网将可可粉撒满整个盘子，然后以纸巾擦拭盘缘收边。

3

取单片沙哈蛋糕，将其切成两块三角形和一块不规则四边形。

4

将分切后的沙哈蛋糕或立或躺放置于盘中。

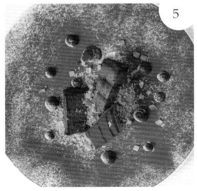
5

取巴芮脆片、酥菠萝及蜜饯小果，依序撒于蛋糕之间。

6

最后在香草奶油之间，随意放上蔓越莓及薄荷叶。

提示：撒可可粉时，建议慢慢轻撒以免过厚，再分批加强需要填补的地方。撒完后可倾斜盘面后轻敲盘底，营造出风吹的感觉。

方圆交错的安定和谐
层层堆叠随兴优雅

不同于一般甜点约3cm×9cm的尺寸比例，主厨将这道伯爵茶巧克力设计为3cm×11cm，相对细长、简单，并借由一层又一层堆叠的技巧，展现侧面结构的层次。透过带圆角的方盘中和其棱角，而十字交错的画盘线条则使整体呈现对等、安定与均衡的张力，集中主体焦点，最后再以粉铜色交叉线条和大大小小点状焦糖两者的同色系点缀，提亮色调，简简单单就很优雅。

台北君品酒店 — 王哲廷 点心房主厨

器 皿

方圆形白汤盘

为突显蛋糕主体简洁的特色，选择此方圆形白汤盘。
宽窄交错的盘缘使盘面在不同角度呈现或方或圆的样
貌，不仅中和细长蛋糕体的棱角，也能呼应其形，而
略大的盘面则提供了画盘的空间和聚焦效果。

■ Ingredients

材 料

- **A** 巧克力酱
- **B** 焦糖酱
- **C** 巧克力蛋糕
- **D** 装饰铜粉
- **E** 伯爵茶巧克力慕斯
- **F** 巧克力饰片

■ Step by step

步 骤

1

将巧克力酱以挤花袋，由左上到右下随
意画出交错的线条。

2

巧克力饰片与线条以十字交叉的方向，
摆在巧克力酱线条上。

3

巧克力蛋糕叠放于巧克力饰片上。用手
指抹上一些伯爵茶巧克力慕斯，用以固
定下一层的巧克力饰片。

4

把另一片巧克力饰片叠在蛋糕上，接着
将伯爵茶巧克力慕斯以挤花袋挤出水滴
状，第一层以两排挤满巧克力饰片，第
二层于中间挤一排。

5

取一片巧克力饰片，用毛笔蘸装饰铜
粉，随意画出交叉线条。

6

把画上装饰铜粉的巧克力饰片叠在伯爵
茶巧克力慕斯上，接着再将焦糖酱以挤
花袋在蛋糕的两侧挤出大小数点。

维多利亚酒店 | Marco Lotito Chef

黑色岩盘创造
和谐多彩的调色盘

透过大大小小沿着盘子弧线围成圈的食材，创造出活泼的韵律感，又以运用意大利常见食材栗子为内馅的巧克力海绵蛋糕最大、有高度；宾主有别。若使用多点构图的方式摆盘，比例大小的拿捏就要特别注意，避免造成拥挤。在色彩上，由于黑色岩盘与巧克力海绵蛋糕色彩相近，因此向上叠高并加上鲜艳的覆盆子增加亮度和层次，其他则是黄、米、蓝、紫、白等色，小小的、各式各样的整齐排列，就有如一盘和谐多彩的调色盘。

器皿

黑岩盘

黑色粗糙、不规则圆盘缘,有如圆扁石头,粗犷朴实,适合衬托明亮色系的食材以及画盘创作,也呼应巧克力海绵蛋糕如树皮的自然样貌。

材料

A	鲜奶油
B	蓝莓
C	覆盆子
D	香草冰淇淋
E	夏威夷果
F	芒果酱
G	三色堇
H	杏仁饼
I	巧克力海绵蛋糕

■ Step by step

步骤

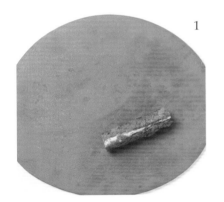
1

将巧克力海绵蛋糕斜放在黑圆盘左上角。

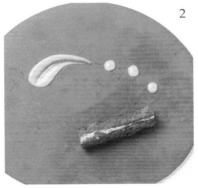
2

用汤匙舀一大坨芒果酱在圆盘下方,由右到左的弧线,先用匙尖刮成蝌蚪状,再接着点三小滴芒果酱。

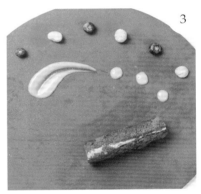
3

将蓝莓和夏威夷果沿芒果酱的线条在其下方交错摆放。

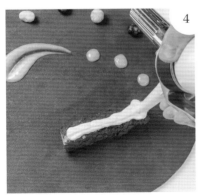
4

将鲜奶油挤一条在巧克力海绵蛋糕中间。

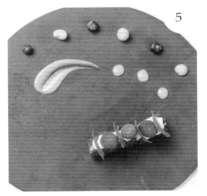
5

取四片大小适中、不规则状的杏仁饼和三颗覆盆子交错粘在鲜奶油上。

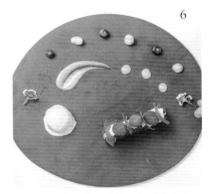
6

香草冰淇淋挖成小球放在盘子右上方。最后各放一朵三色堇在盘子左右两端。

飘忽与稳定之间
瞬息万变

盘面黑色与灰蓝色的不规则螺纹线条交织，带来反复运动的视觉效果，有如瞬息万变的天空，再抹上一条具速度感的蜂蜜太妃糖线条延伸，置主体巧克力熔岩蛋糕于其前端聚焦，一旁透过如云的棉花糖以三角形构图稳定画面，扎实的巧克力熔岩蛋糕和飘柔的棉花糖虚实交错，神秘色彩衬托，熔岩仿佛即刻爆发。

Terrier Sweets 小梗甜点咖啡 | Lewis Chef

器 皿

蓝黑波纹深盘

灰蓝与黑色线条交错出凹凸不平的螺旋纹理，再加上不规则状盘缘的手工线条，予人深沉的动态感，可透过画盘突显其质地。而色彩比例分配不均形成断面的对比效果，增添视觉的多样性。

材 料

A	优格冰淇淋
B	薄荷叶
C	巧克力熔岩蛋糕
D	低温凤梨丁
E	棉花糖
F	芒果泥
G	开心果碎
H	巧克力酱
I	蜂蜜太妃糖

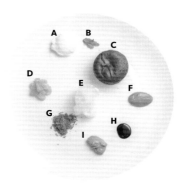

步 骤

抹刀蘸蜂蜜太妃糖，以左下右上抹出一道线条。

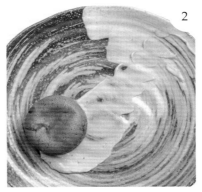

将巧克力熔岩蛋糕置于蜂蜜太妃糖画盘线条的前端偏上。

以挤花袋将芒果泥于盘面右侧的蜂蜜太妃糖线条左右，挤上六个大小不一的水滴状，再交错点上数滴巧克力酱。

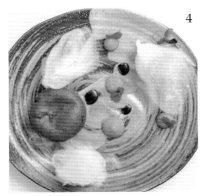

于芒果泥上点缀数片薄荷叶，并在盘面以三角形构图放上手撕棉花糖。

在盘面右边空白处撒上开心果碎后，于其上及巧克力熔岩蛋糕上放上一球优格冰淇淋，并缀饰数颗低温凤梨丁。

提示：此道甜点的画盘工具建议使用抹刀，可利用其平面将浓稠的酱填入盘面凹凸不平的纹路中，做出涟漪般的效果。

层次纵横
诠释巧克力简练真淳之美

选用质感朴实、设计简单的镶边陶盘，点出融心巧克力自然、扎实的气质。盘饰以一系列巧克力元素为主力，平面饰以脆口的沙布列，而置顶的巧克力屑宛如玫瑰花蕊，形成香醇又具立体度的美丽装饰。继而搭配覆盆子冰沙、鲜奶油这两样与巧克力百搭不厌的异质组合，使这道融心巧克力展露简练却出众的上乘风格。

Le Ruban Pâtisserie 法朋烘焙甜点坊 ｜ 李依锡 主厨

器 皿

镶边陶盘

质感拙朴的镶边陶盘，盘面有浅灰纹路，带出巧克力
比较原始、大地的自然感，干净的色调适配度高。

材 料

A 巧克力粉
B 巧克力沙布列
C 覆盆子冰沙
D 巧克力屑
E 融心巧克力
F 九州鲜奶油

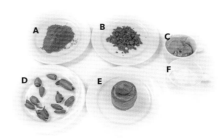

步 骤

1

以抹刀将融心巧克力置于盘中央。

2

舀取丰厚的九州鲜奶油置于巧克力顶
端，增加风味与立体层次。

3

一边轻轻旋转盘面，一边于鲜奶油顶端
堆满巧克力屑。

4

以抹刀轻敲筛网边缘，使巧克力粉均匀
洒落盘中央。

5

以抹刀将巧克力沙布列置于融心巧克力
一侧。

6

于巧克力沙布列上摆上挖成橄榄球状的
覆盆子冰沙。

台北君品酒店 — 王哲廷 点心房主厨

质感光泽的优雅小点
缎面装点渐层色调

褐色色系向来给人优雅沉稳的印象，因此此道橙香榛果
巧克力除了本身由深到浅、由浅到深的五个同色系渐
层，还透过柳橙焦糖酱、焦糖杏仁碎、杏仁糖片、金箔
四种浓淡不一、质感各异的褐色食材来装点，展现让人
舒服自在的韵律感。而长条光面白盘则为呼应橙香榛果
巧克力的镜面光泽，并利用简单的画盘手法，刮出如缎
带般的线条，让每个小蛋糕仿佛一个小礼物，精致可
爱。

器 皿

材 料

A 柳橙焦糖酱
B 焦糖杏仁碎
C 橙香榛果巧克力
D 金箔
E 杏仁糖片

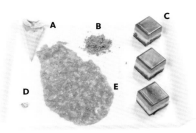

光面长条平盘

简单利落的光面,使用灵感来自于橙香榛果巧克力表面的镜面光泽,以及其滑顺圆角没有盘缘,使创作不受限制,让此道甜点的画盘有如缎带一般的质感。长盘造型适合派对和宴会等以小点为主的场合,营造时尚、精致的感觉。

步 骤

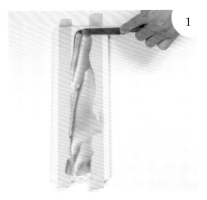

1

长盘摆直,取两条略长于盘子的胶带,左右各贴一条,留出中间约与橙香榛果巧克力同宽的位置。再将柳橙焦糖酱随意涂在空白处,以抹刀刮匀刷满。

2

延续步骤1,将柳橙焦糖酱以抹刀画斜纹。

3

撕除纸胶带,盘子摆横向,在盘子左上侧及右下侧以焦糖杏仁碎横向各撒一条至1/4处。

4

三块橙香榛果巧克力以菱形、相同间隔摆放在柳橙焦糖酱斜纹上。

5

取适当大小的杏仁糖片,顺着画盘斜纹,像屏风一样贴在三块橙香榛果巧克力相同的一侧。

6

在三块橙香榛果巧克力相同的尖角上缀上金箔。

亚都丽致巴黎厅 1930 | Clément Pellerin Chef

以大树为餐桌
黑森林里的野宴

典型德式黑森林蛋糕的主要元素包括白兰地酒酿樱桃、巧克力蛋糕、巧克力碎片和鲜奶油，以此为灵感解构传统大蛋糕，将最佳配角"酒酿樱桃"转换为主角，同样是巧克力慕斯蛋糕却以樱桃造型呈现，再搭配上恍如大自然样貌与色调的食材，叶片造型巧克力、红酸模叶和散落一地枯黄而细碎的巧克力酥饼，环绕烘托出浑然天成的黑森林景致。

器皿

树干木盘

原为园艺资材的树干木盘，以天然树干裁切而成，不同于一般年轮圆盘，其曲线优美而特殊，如餐盘的造型存在感强烈，营造出自然原始的气息，并带出其主题概念，将整体视觉合而为一，仿佛在森林里用餐。

■ Ingredients
材料

A 樱桃巧克力慕斯蛋糕
B 叶片造型巧克力
C 樱桃白兰地冰淇淋
D 巧克力酥饼碎
E 迷你红酸模叶
F 巧克力蛋糕
G 樱桃酱

■ Step by step
步骤

1 将樱桃巧克力慕斯蛋糕平摆在食器中央稍靠左上方的位置。

2 巧克力蛋糕捏成大小不等数块，以三角形构图摆放在木盘上。

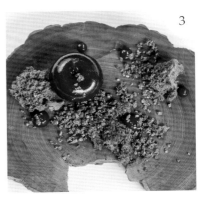

3 巧克力蛋糕周边挤樱桃酱点缀。接着将敲碎的巧克力酥饼，不均匀地铺洒在中间空白处。

4 将迷你红酸模叶的红色叶纹朝上，以三角形构图摆放，作为点缀。

5 以汤匙挖樱桃白兰地冰淇淋成橄榄球状，斜摆在中间的巧克力酥饼碎上。

6 取四片大小不等的叶片造型巧克力，呼应树皮质感，分别轻覆在樱桃白兰地冰淇淋、巧克力蛋糕处。

棋盘空间思辨
一场白森林蛋糕与水果的逻辑推演

纯白方正的大盘，相较于圆盘的曲线，给人冷静理性的印象，其强
烈的存在感，需要仔细思考整体的空间配置和平衡，以及与甜点本
身的线条关系。而摆盘就像下棋，是一场逻辑的思辨，揣测下一步
该怎么走，以巧克力酱画白盘为棋盘，德式白森林蛋糕与巧克力蛋
糕是黑子与白子，在规范的线条里各自为阵又相互交缠，再添上水
果与果酱，制造缤纷的视觉效果，衍生出错纵复杂的局面，一如白
森林蛋糕颠覆了黑森林浓郁强烈的形象，以水果搭配出新滋味，带
出围棋对弈时的意象。

亚都丽致丽致坊　苏益洲 主厨

器皿

方形白平盘

选择大尺寸的盘子时，要审慎思考空间的运用，方形盘的盘缘宽度会大大影响整体面积和视觉感受。而此道甜点使用平盘，近乎无盘缘，创作空间大，适合以画盘为主的盘饰，又方正的外形给人冷酷的印象，以此发想便运用画盘使之成了棋盘。

材料

- **A** 红樱桃馅
- **B** 蓝莓酱
- **C** 巧克力酱
- **D** 柳橙酱
- **E** 蔓越莓
- **F** 草莓
- **G** 德式白森林蛋糕
- **H** 巧克力蛋糕

■ Step by step

步骤

巧克力酱以挤花袋在盘内水平与竖直各画上三条直线，成为4×4的16格棋盘。

草莓去蒂切成丁，然后铺放在1–1和3–4的空格内。

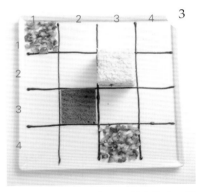

德式白森林蛋糕放在3–2的空格内，巧克力蛋糕放在2–3的空格内。

将柳橙酱涂在4–3的空格内，接着再将蓝莓酱涂在1–2的空格内，可利用汤匙或牙签把格子的边均匀涂满。

用汤匙挖红樱桃馅，涂满2–2的空格。然后将一颗蔓越莓放在德式白森林蛋糕的中间。

提示：摆盘前建议先量出盘子分出的16个小方格的尺寸，然后将蛋糕体（德式白森林蛋糕、巧克力蛋糕）切成相应的大小。

Special Black Forest Cake
德式黑森林

黑森林之舞重组为圆
新时代神秘高雅风韵

解构既有黑森林蛋糕元素，将之逐一重组演绎，是这道摆盘的主要精神。优雅的方角白盘衬托出黑森林蛋糕的深浓色调，樱桃、巧克力蛋糕等黑森林元素，皆沿着画盘的圆圈刷纹清楚排列。而樱桃酒雪酪、樱桃果冻，则是基于既有的樱桃元素的翻新创造。馥郁的酒红、咖啡色调与圆润造型既延续黑森林的经典高雅，又增添几分现代的时尚趣味。

台北喜来登大饭店安东厅 — 许汉家 主厨

器 皿

材 料

A 巧克力海绵蛋糕
B 酒渍樱桃
C 巧克力片
D 蛋白饼
E 樱桃果冻
F 鲜奶油
G 樱桃酒雪酪
H 巧克力酱

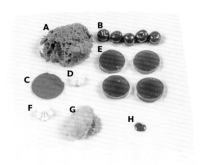

方角盘

造型特殊、优雅的日本 Narumi 方角盘，其凝练线条
与德式黑森林的高雅相得益彰，白瓷质地也可使食材
的深色调更活泼鲜明。

步 骤

1

于盘中挤上一滴巧克力酱，再以刷子刷
出小圆圈画盘。

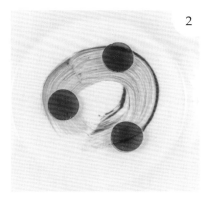

2

于巧克力酱小圆圈上，以三角形构图摆
放三片圆形樱桃果冻。

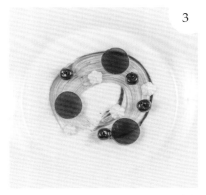

3

于巧克力酱小圆圈上，摆上四颗酒渍樱
桃与四个蛋白饼。

4

撕取巧克力海绵蛋糕，以三角形构图摆
满巧克力酱小圆圈其他空隙。

5

于巧克力酱小圆圈的三角，以星形嘴挤
花袋挤上三球鲜奶油，再分别竖摆一片
巧克力，使得巧克力片与樱桃果冻交错
排列。

6

挖樱桃酒雪酪成橄榄球状，置于小圆圈
正中央。

雪地里的冰山
黄金分割解构出自然美的平衡

将常见的起司蛋糕，从印象中大块立体的样貌解构成大小不一的碎块，提供盘饰更多自由度，而其他食材也同样为碎块，透过大大小小的堆叠形成山峰状。整体构图留白多，将所有食材集中成一弧线，可以看到盘子与弧线的比例约为 1:1.618，以黄金比例来做分割，呈现自然美的平衡，在色彩方面则用简单两色交错摆放，在一片雪白中高明度的草莓粉色带出优雅气质。

器皿

釉灰色圆平陶盘

表面平坦的圆盘能使摆盘不受局限，并带出时尚感。
而釉灰的冷色调和盘缘自然剥落则呼应了本道甜点的
液态冷冻起司蛋糕、冷冻干燥草莓粒和冷冻白巧克力
粉，呈现出恍若雪地般的样貌。

■ Ingredients

材料

A	液态冷冻起司蛋糕	**D**	冷冻白巧克力粉
B	冷冻干燥草莓粒	**E**	杏仁饼干屑
C	草莓雪酪	**F**	焦化奶油起司

■ Step by step

步骤

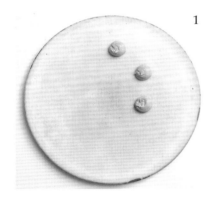

1

将焦化奶油起司以挤花袋在中间偏左下
挤三个大小相同带弧形的点作为基本定
位。

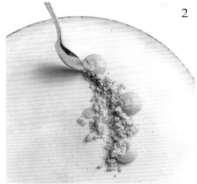

2

用小汤匙铺上杏仁饼干屑，将三点焦化
奶油起司串联起来。

3

液态冷冻起司蛋糕铺在焦化奶油起司、
杏仁饼干屑上面，并用手做出弧形。

4

以汤匙挖草莓雪酪成橄榄球状，斜摆在
液态冷冻起司蛋糕上面，点亮整个色
调。

5

冷冻白巧克力粉以汤匙轻洒一直线在全
部的食材上。

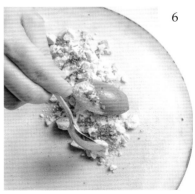

6

冷冻干燥草莓粒同上一步骤，以汤匙轻
洒一直线在冷冻白巧克力粉上。

MARINA By DN 望海西餐厅 | DN Group

融雪之后
看见变换食材形态的新春

为呈现融雪之后春色乍现的自然情景，将无花果碾平，透出浅浅红红绿绿的色彩，就有如融雪后土地隐约冒出的绿意，磨成碎屑的冷冻起司蛋糕则代表了零星附着的、未融化的雪，最后均匀散落的柠檬皮屑、蓝莓、草莓和鲜花，与如泥土的巧克力饼干屑，整体采用简单的平均分布摆放，营造大自然的样貌，暗示春天将要来临。

器 皿

不规则圆盘

盘面呈现不规则如波浪般的流线弧度，可以透过其本身线条向内聚集的特性，让视线沿着走向中心，因此将甜点主体简单地置于中央，以突显盘面的造型，提供视觉的多样性。

■ Ingredients

材料

A 柠檬皮屑
B 无花果
C 蓝莓
D 冷冻起司蛋糕
E 食用花
F 草莓
G 巧克力饼干屑

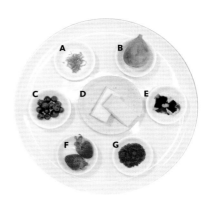

■ Step by step

步 骤

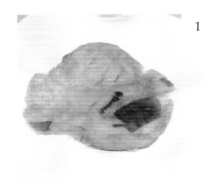

1

将整颗无花果压扁成平面，置于盘子正中间。

2

冷冻起司蛋糕磨成碎屑放在无花果上面偏右。

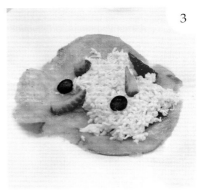

3

切成角状的草莓和剖半的蓝莓，切面朝上随兴摆成一圈。

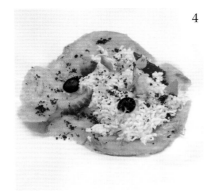

4

无花果上撒上些许柠檬皮屑、巧克力饼干屑和食用花瓣。

提示：将水果放在塑胶袋中或用保鲜膜包裹起来，再用擀面棍敲打压平即可，通常压扁后可以先冷冻稍微定形后再使用。若想将其他水果变形，要挑选质地偏软的。

台北君品酒店 —— 王哲廷 点心房主厨

金银华丽小派对
精致齐整的欧式风情

分切为一口大小的低脂柠檬乳酪，精致小巧，适合用于宴会，并利用摆盘中最常见的基本构图，将相同造型的甜点，重复整齐地摆一直线，延伸韵律感、带出气势。为营造出华丽的感觉，此道盘饰使用金粉画盘衬托造型单纯的蛋糕主体，但要特别注意的是，避免走向日式风情，搭配欧风浓厚的长白盘而非深色的黑盘，再加上装饰配件如珍珠糖片、银箔、巧克力饰片，红、橘、蓝紫、粉铜、金银齐聚一堂，即是一场高贵华丽的小派对。

器 皿

君度长条盘

细长的长白盘，中间盘面平坦，盘缘则立体有弧度并
带点装饰线条，颇有欧风，可中和常用于日式料理的
金粉画盘，而整体造型则适合派对场合盛装小点。

■ Ingredients

材 料

A 银箔

B 珍珠糖片

C 低脂柠檬乳酪

D 食用金粉

E 柠檬百里香

F 蓝莓

G 草莓

H 巧克力饰片

I 水麦芽（图中未显示）

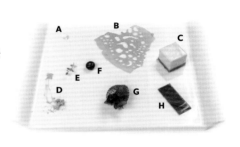

■ Step by step

步 骤

1

盘子摆直后，拿一支比盘子长的直尺压
在中间偏右方，将毛笔蘸食用金粉画出
一条直线。

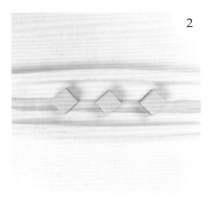

2

盘子转为横向，线条偏上方。三块低脂
柠檬乳酪转成菱形，以相同间隔、上半
部与横线对齐摆放。

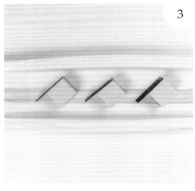

3

取三片长方形巧克力饰片，左边与低脂
柠檬乳酪左侧对齐，贴在乳酪前方。

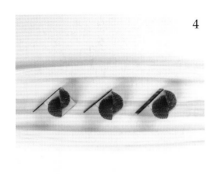

4

三颗草莓去头对半切，错开摆放在低脂
柠檬乳酪上方。

5

三颗蓝莓各摆放在三颗草莓前方，并在
顶端缀上银箔。

6

蘸一点水麦芽在草莓上作为黏着剂后，
随兴将珍珠糖片取适当大小，平放在草
莓顶端。可选择放上一片柠檬百里香进
行点缀。

台北喜来登大饭店安东厅 — 许汉家 主厨

多变风貌酸甜交织
献给恋人的小步舞曲

为情人节特别设计的主题甜点。主厨选用较少见的三角白瓷盘，衬托蕴含诸多恋爱元素的带状甜点。作为甜点主体的心形白巧克力饼与草莓起司，象征爱情的粉嫩甜美；而草莓、奇异果、青苹果雪酪等缀饰，则指示恋爱新鲜酸甜的另一面。盘饰除了于娇嫩的红粉主调中穿插绿、紫等变奏，也细心呈现每一食材不同形状、切面的纹理，以食物具体而微地诠释了复杂缤纷的恋爱百态。

器 皿

材料

A　心形白巧克力饼
B　开心果碎
C　奇异果软糖
D　米饼
E　橘子
F　蓝莓
G　草莓片
H　草莓起司
I　草莓果酱
J　蛋白霜饼
K　青苹果雪酪

三角瓷盘

较少见的三角白瓷盘，配上各式甜点都可展现别样的视觉感受，瓷器的白则可带出清新甜美的质感。

步 骤

1

于盘面上以挤酱罐挤上几道草莓果酱弧线，作为画盘。

2

以抹刀将草莓起司置于弧线画盘约 1/3 处。

3

以镊子夹取水果、软糖和蛋白霜饼沿草莓果酱弧线摆上，露出水果切面可使画面更立体美观。

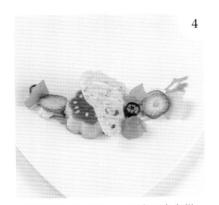

4

于草莓起司旁斜摆上心形白巧克力饼，使心形轮廓俯看、侧看皆清楚呈现。再竖立摆放三片不同颜色的米饼于水果之间。

5

抓取一小撮开心果碎，使开心果碎似有若无地洒落于甜点表面，再于盘面一角洒上稍多的开心果碎。

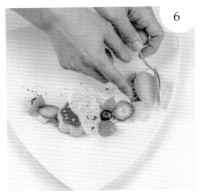

6

舀取青苹果雪酪成橄榄球状置于开心果碎上。

**Orange Cheese Cake,
Compote Fruit, Candied Floss**
柳橙起司糖渍水果柳橙糖片

明亮清新的夏日小幸福

这道甜点集中展演柳橙酸甜轻盈的气质，以平面方盘铺排柳橙起司主体，以糖渍水果为缤纷饰物。竖立的糖丝片与薄荷叶则延伸了盘饰立体度与突显柳橙起司主体，糖丝片的甜脆口感也可增加柳橙起司的层次。洁白的盘面，也烘带出柳橙甜点黄色调的活泼清新气质。

台北喜来登大饭店安东厅 ── 许汉家 主厨

器皿

材料

A 糖渍水果
B 马卡龙
C 柳橙糖丝片
D 条状蛋白霜饼
E 薄荷叶
F 柳橙起司
G 鲜奶油
H 芒果酱

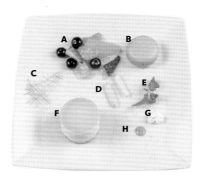

白长方盘

德国的 Thomas Rosenthal Group 白色长方盘配上色彩鲜艳的季节水果，可使盘面清爽不厚重，呈现夏日清新、轻快的美感。

步骤

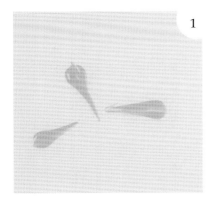

1

于盘面三角挤上三滴芒果酱，再以汤匙朝盘中心回刮，完成画盘。

2

以抹刀将柳橙起司摆放于芒果酱画盘的中心空白处。

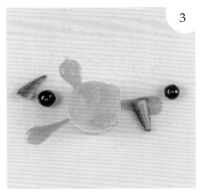

3

装饰糖渍水果。沿着芒果酱画盘缀饰蓝莓、切成角状的草莓，再于柳橙起司顶端缀饰几瓣柳橙、橘子。

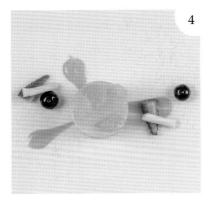

4

将蛋白霜饼斜靠在草莓上。

5

于柳橙起司顶端以星形花嘴挤花袋挤上一球鲜奶油，小心将糖丝片竖立插上。

6

于盘面角落以星形花嘴挤花袋挤上鲜奶油，再将马卡龙竖直摆上。最后于柳橙起司表面插上薄荷叶。

少女裙摆清新亮丽
鹅黄衬出宝石光泽

色调清新简单的低脂起司蛋糕，采用减糖减油的方式制作，是特别为了注重健康与身材的女性所设计，搭配艳红且饱满的红醋栗串，以及带有光泽的综合蜜饯和香柚酱，衬以立体折纹圆瓷盘，彼此搭配有如亭亭玉立的少女，抹上唇蜜、戴上耳环，展现年轻特有的清新亮丽，也是相当受日本客人喜爱的一道甜点。

寒舍艾丽酒店 — 林照富 点心房副主厨

器 皿

白色立体折纹圆瓷盘

盘缘为不规则的立体缎带折纹，可以赋予造型简单的食材甜美、清新的跃动感，如少女裙摆轻甩旋转开来。

材料

A	糖粉
B	凤梨片
C	薄荷叶
D	低脂起司蛋糕
E	卡士达酱
F	综合蜜饯
G	香柚酱
H	红醋栗
I	柳橙片

步 骤

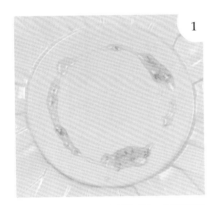

汤匙舀香柚酱刮画出粗细不一的圆形线条。

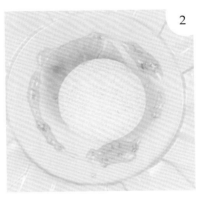

将凤梨片放在香柚酱画盘中偏下，再将已撒上糖粉的低脂起司蛋糕与之交叠。

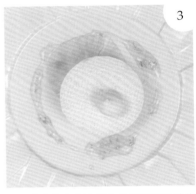

用挤花袋将卡士达酱在起司蛋糕顶端偏后方挤一球。

接续步骤3，将柳橙片斜斜粘在卡士达酱上。

接续步骤4，再用挤花袋于柳橙片上挤一球卡士达酱，并粘上一串红醋栗，再缀饰一小株薄荷叶。

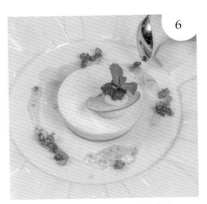

将综合蜜饯随兴叠在外圈香柚酱上。

北投老爷酒店 — 陈之颖 集团顾问兼主厨 李宜蓉 西点师傅

单边留白收拢
春意盎然的缤纷花园

几何造型的起司蛋糕前中后放在主视觉线条上，再以精致小巧、造型各异的花果紧密穿插，大面留白与收拢成的一直线，简单聚焦缤纷亮丽，仿佛春天新芽繁花茂盛的美丽景象。

器皿

材料

A 覆盆子棉花糖
B 繁星
C 奇异果块
D 奇异果酱
E 覆盆子酱
F 芒果酱
G 抹茶起司蛋糕
H 原味起司蛋糕
I 草莓
J 薄荷叶
K 芒果起司蛋糕
L 巴芮脆片
M 蛋白糖

白色浅盘

白色圆盘面积大而平坦，表面光滑适合当作画布，能有大片留白演绎空间感，造型简约利落，能完整呈现盘饰画面。

步骤

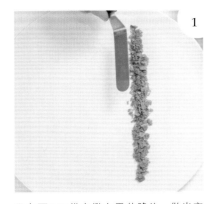

1

于盘面 1/3 纵向撒上巴芮脆片，做出宽直条以定出主视觉位置，并使用抹刀收边。

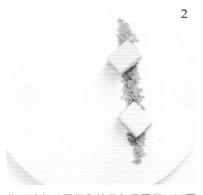

2

将原味起司蛋糕和抹茶起司蛋糕，以不同角度平均间隔斜放在巴芮脆片线条上。

3

将芒果起司蛋糕斜靠在抹茶起司蛋糕上。

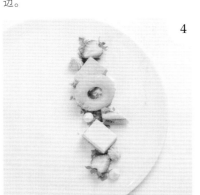

4

依序将剖半的草莓、切成角状的奇异果、覆盆子棉花糖、蛋白糖平均交错放在巴芮脆片线条上。

5

于巴芮脆片线条两侧，用挤酱罐交错挤上数滴奇异果酱、芒果酱、覆盆子酱。

6

将薄荷叶、繁星随兴缀上。

起司蛋糕 ｜ 白色恋人

● Le Ruban Pâtisserie 法朋烘焙甜点坊 ｜ 李依锡 主厨

以玫瑰为核心
由内而外细致呼应

摆盘装饰的配件尽量呼应甜点本身的外形、口味，使视
觉带动味觉，引发感官的连贯审美，这是摆盘非常重要
的核心理念。这道白色恋人从宛如白玫瑰的蛋糕外观，
活用白色调纯净柔软、可塑性强的优点，也呼应法国白
乳酪起司内馅。以娇艳的红玫瑰缀饰，除了以红、白对
比强化玫瑰主题，也与金箔连带塑造高雅气质。

器 皿

白色银边圆瓷盘

略带环形镶饰的美国 Vera Wang Wedgwood 白瓷圆盘，色泽与形状皆呼应白色恋人蛋糕体的外观。

■ Ingredients

材料

A 覆盆子块

B 白色恋人起司蛋糕

C 覆盆子酱

D 南投有机玫瑰花瓣

E 和风纯金箔

F 葡萄糖浆（图中未显示）

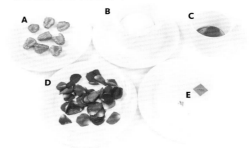

■ Step by step

步 骤

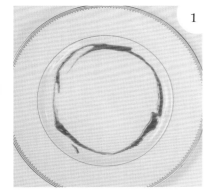

1

舀取覆盆子酱，沿盘面随兴环绕一圈，作为环状画盘。

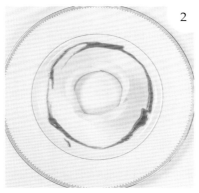

2

以抹刀将白色恋人蛋糕体置于盘中央。

3

用挤花袋于蛋糕体中央挤上数滴葡萄糖浆方便粘黏覆盆子和玫瑰花，并在蛋糕花瓣上挤上数滴做出露珠的效果。

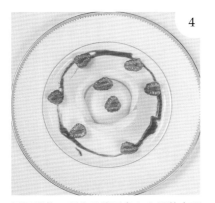

4

于蛋糕体、覆盆子酱画盘上点缀数个覆盆子块。覆盆子切面朝上。

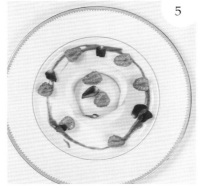

5

于蛋糕体与覆盆子酱画盘上随兴摆上玫瑰花瓣。

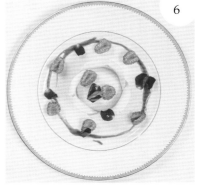

6

以刀尖于蛋糕体边缘轻点金箔，再于蛋糕体上的玫瑰花瓣上挤上数滴葡萄糖浆，做出露珠的效果。

蓝莓星球的蓝莓宇宙
想象一个黑色圆盘的银河系

星团缀满黑色夜空，大大小小闪烁银色光芒，橘、白、红、蓝、紫、粉、褐在云层与光线之中晕染成层、变幻无穷。此道盘饰将有着完美圆形与凹凸不平表面的蓝宝石起司蛋糕，以及金色、银色巧克力球化为银河系里的星球，以银河中常见色彩的果酱画盘，透过交叠线条与混合，做出光晕效果。整体的摆放结构采用多重三角形构图法，由小到大，由线条、平面到立体，创造出稳定协调的画面、带出视觉重心，黑盘为底衬托出宇宙间的魔幻时刻。

亚都丽致丽致坊 — 苏益洲 主厨

器皿

材料

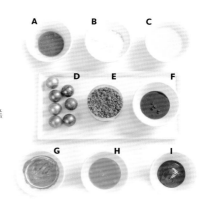

A	焦糖酱
B	糖粉
C	香草酱
D	巧克力球
E	蓝宝石起司蛋糕
F	蓝莓酱
G	黑樱桃酱
H	柳橙酱
I	覆盆子酱

棕点黑圆盘

带有棕色点点的黑盘质地光滑，呼应盘饰概念，映照出如星光的色泽，并有效衬托明亮色系的食材，而窄窄的盘缘与浅浅的弧度，适合画盘并创造出无边的想象。

■ Step by step

步骤

1

先将香草酱、柳橙酱、蓝莓酱和覆盆子酱放入挤花袋。依序将香草酱、柳橙酱、蓝莓酱在盘子上左右来回画，下半部留出空白。用汤匙轻轻将颜色和在一起。

2

接着再以覆盆子酱在步骤1的酱汁上，左右来回画出长短不一的线条，同样以汤匙和色。

3

用汤匙挖取黑樱桃酱，在画盘上以三角形构图点上大小各异的三个圆。再把焦糖酱以少于黑樱桃酱的量点于其上，然后用刀尖或牙签画圈，把两种酱和出旋转线条。

4

蓝莓酱与蓝宝石起司蛋糕以三角形构图排列在画盘下半部。

5

巧克力球数颗交错摆放在各圆点之间。

6

以指尖轻轻敲筛网，也是以三角形构图分别将糖粉撒在蛋糕体右下填补未画盘处，以及盘子上方两侧，让整体如发光一般。

提示：使用汤匙底部轻轻将各色酱汁和在一起，可以做出油画般的效果。

不对称的美感
泼墨画旁的经典甜点

帕芙洛娃这个名字据说源自于著名俄罗斯芭蕾舞者安娜·帕芙洛娃 (Anna Pavlova)，当她巡回表演至澳大利亚和新西兰时，主厨特别为她设计的甜点，通常以圆形蛋白饼为底，外皮酥脆内馅松软，再覆以一层打发鲜奶油，最后装饰上自己喜欢的水果，简单的食谱却有着独特的口感，因此常出现于节庆里。而此道帕芙洛娃，则是翻转顺序以水果为底，覆上打发鲜奶油，再插上酥脆的蛋白霜饼，将绿茶樱桃酒酱以泼墨的方式甩在盘子中线处，以清朗的翠绿来烘托主角——经典甜点帕芙洛娃，缀上百香果脆片碎、焦糖脆片碎、柠檬果冻、黄柠檬皮屑、百里香、薄荷叶等黄绿色系食材，清新地表现出浑然天成的不对称美。

器 皿

白色大圆盘

瑞典 RAK Porcelain 白色圆盘面积大而平坦，表面光
滑适合当作画布在上面尽情挥洒，并能有大片留白带
出时尚、空间感。其盘缘有高度能避免酱汁溢出。

■ Ingredients

材料

A 百香果脆片碎	**D** 蛋白霜饼	**G** 百里香、薄荷叶
B 焦糖脆片碎	**E** 柠檬果冻	**H** 黄柠檬
C 绿茶樱桃酒酱	**F** 焦糖百里香凤梨馅	**I** 香草打发鲜奶油
		（图中未显示）

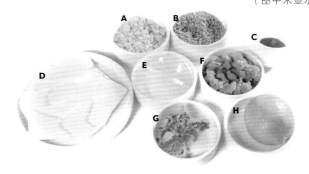

■ Step by step

步 骤

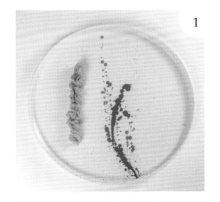

1

用汤匙将绿茶樱桃酒酱甩成一条弧线到
盘子上，再将焦糖百里香凤梨馅一匙匙
与手并用，在绿茶樱桃酒酱旁捏成一直
线。

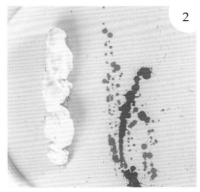

2

将香草打发鲜奶油一匙匙覆盖在焦糖百
里香凤梨馅上。

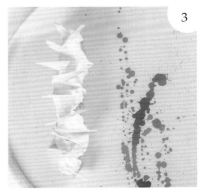

3

蛋白霜饼取适当大小，一片片交错插满
香草打发鲜奶油。

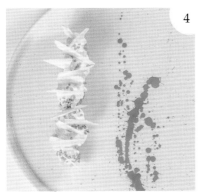

4

焦糖脆片碎、百香果脆片碎洒在蛋白霜
饼上。

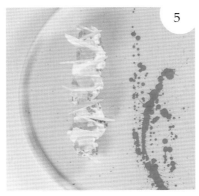

5

柠檬果冻放在蛋白霜饼之间的缝隙里。

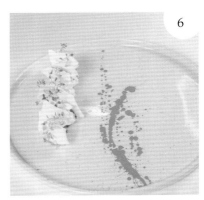

6

刨些黄柠檬皮屑在蛋白霜饼上，并把百
里香和薄荷叶夹至其 间。

沉稳自然褐色层次
以抛物线平衡画面

透过盘面既有的纹路作为视觉焦点，将食材由粗至细、由高至低摆放成抛物线，不同一般将食材以垂直或者水平线摆放的留白手法，给人时髦利落的形象；抛物线同样能平衡整体画面，自然的弧度则予人沉稳、舒服的感受，呼应以圆组成的大地色食材。

● 德朗餐厅 — 李俊仪 甜点副主厨

器 皿

旋涡纹白盘

白色的盘面上有深浅不一的灰色旋涡线条，如自然的画盘，让视线能沿着线条聚焦，可利用此特性将食材沿线摆放，形成焦点，而略有高度的浅边适合盛放有酱汁、易融化的冰品。

材料

A　焦糖煎香蕉
B　香蕉蛋糕
C　咖啡沙巴翁
D　可可脆片
E　可可酥菠萝
F　可可粉

步 骤

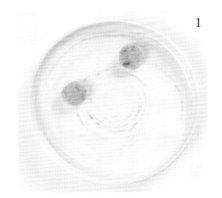

1

将两片香蕉蛋糕置于盘中内圈纹路的 1 点钟和 10 点钟方向。

2

将焦糖煎香蕉于 1 点钟方向的香蕉蛋糕上叠上两块，10 点钟方向的叠上一块。

3

将可可酥菠萝以弧线连接两处的蛋糕，线条由粗到细。

4

汤匙舀咖啡沙巴翁约从焦糖煎香蕉的中间浇淋，使其自然流泻至盘面。

5

将两片可可脆片分别立插于焦糖煎香蕉上，并以不同角度呈现，增添画面的活泼度。

6

用筛网将可可粉撒于咖啡沙巴翁上。

Calamansi Martini Cup with Milk and
Caramel Chocolate, Mango Compote and Banana Mango Sorbet

金橘马丁尼杯与香蕉芒果雪贝

Angelo Aglianó Restaurant　|　Angelo Aglianó Chef

高脚玻璃杯
尽显多层次丰富优雅

这道马丁尼杯甜点的主要特色是以小金橘奶油、焦糖
巧克力奶油两种奶油作为灵魂食材，揉合蛋糕、芒果
丁等其他配料层层堆叠，创造缤纷又不失统一的视觉
变化。轻敲杯身，使奶油摇晃均匀，是使摆盘美观平
整的最大要素，而之所以将焦糖巧克力奶油置于表
层，是因其高雅的浅褐色调，比起偏白的小金橘奶油
更能映衬芒果、巧克力球的色彩，且与芒果丁一酸一
甜的搭配，也交织出更多元的口味层次。

白瓷造型方盘、小碟、马丁尼杯、黑白条纹杯垫

马丁尼杯搭上有立体线条的白瓷盘呈现出高雅经典的西餐风格，配上条纹杯垫则又多了几分时髦的现代感。

A	石榴糖水
B	芒果丁
C	香蕉芒果雪贝
D	芒果酱
E	小金橘奶油
F	橘子海绵蛋糕
G	薄荷叶
H	焦糖巧克力奶油
I	巧克力球

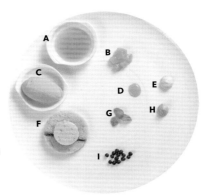

■ Step by step
步 骤

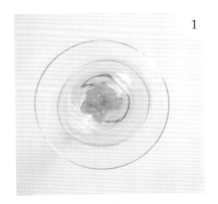

1

于马丁尼杯中舀放少许芒果丁。

2

将浸润石榴糖水的香蕉海绵蛋糕，放入马丁尼杯。沿蛋糕边缘以挤花袋挤入小金橘奶油，手持杯脚轻敲垫有餐巾的桌面，将奶油平整摇匀。

3

于蛋糕表面摆放少许芒果丁，以挤花袋挤一圈小金橘奶油在芒果丁上，再以和步骤 2 相同手法敲匀。

4

重复步骤 2~4，将小金橘奶油改为焦糖巧克力奶油，最终甜品高度约为杯身的八分满。

5

依序于奶油表面等距排列巧克力球、芒果丁，薄荷叶以三角形构图有立体感地排列，完成马丁尼杯装饰。

6

准备另一小碟盛放香蕉芒果雪贝，淋上少许芒果酱增加风味，最后将马丁尼杯、小碟整个置于方盘中。

确立装饰重点与对照层次
创造大方风格经典

原味香草本身即是属性较朴实、轻淡的甜点，选用镶饰几何黑花边的圆盘可制造画面冲突感，使视觉瞬时聚焦至黑花边与白蛋糕的对比。若已选择风格强烈、线条复杂的食器为盘饰重点，则摆盘配料也无需过度装饰，以免最后画面重点过多，流于芜杂。因此配料仅以牛奶酱呼应蛋糕口味，并点缀些许覆盆子，黑、白、红经典配色使盘面耐看又不失活泼。

● Le Ruban Pâtisserie 法朋烘焙甜点坊 ─ 李依锡 主厨

Le Ruban
Pâtisserie

■ Plate

器 皿

镶黑边圆盘

镶饰几何花纹黑边的日本 pottery barn japan 白瓷盘，
与色调轻柔的香草蛋糕形成鲜明对比，也带出高贵、
洗练的盘饰氛围。

■ Ingredients

材料

A 干燥覆盆子粉末
B 原味香草蛋糕
C 覆盆子块
D 北海道牛奶酱

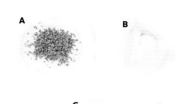

■ Step by step

步 骤

1

将抹刀以 45 度角把原味香草蛋糕放在
盘中央，让侧面层次也展现出来。

2

撒洒干燥覆盆子粉末，不需太多，只需
点缀盘面即可。

3

于蛋糕与盘面装饰剖半的覆盆子块，可
交错展露表面与内侧，使画面更活泼。

4

舀取北海道牛奶酱，小面积淋于原味香
草蛋糕尖端，使其自然流泻下来。

亚都丽致巴黎厅 1930 | Clément Pellerin Chef

爱恋憧憬
纯白动人的姿态

为呈现少女心中对爱恋的纯净憧憬，以牛奶为基础演绎出四种样貌：脆片、蛋糕、酱汁与冰淇淋，从点、线、面的空间变化，到固、液态的交错，再搭配上白色深盘，缀以化身象征高贵与纯洁的珍珠小酒糖，具体展现对白色的纯真想望。而唯一不同色彩的三色堇，是恋人之间的思慕；是传说中丘比特错将爱神箭射中原为白色的堇花，留下鲜血与泪水便抹不去其沾染的色彩；更是花朵独有的柔软姿态。

■ Plate

器皿

■ Ingredients

材料

A 牛奶冰淇淋
B 水蜜桃珍珠酒糖
C 三色堇
D 水蜜桃牛奶酱汁
E 牛奶蛋糕
F 牛奶脆片

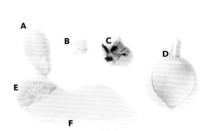

螺纹白色圆盘

由宽至窄、由高至低，如涟漪一般的水波纹，以及盘缘与主体大小的强烈对比，除了能将视觉带向主体，更创造了宁静、孤独与细腻的氛围。而此一具深度的盘子，适合酱汁盛放，避免溢出。

■ Step by step

步骤

1

将牛奶蛋糕摆在盘子正中央。

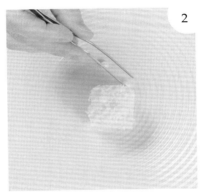

2

用镊子夹取几颗水蜜桃珍珠酒糖，缀在牛奶蛋糕上面和前方。

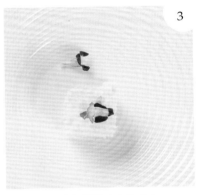

3

三色堇插在牛奶蛋糕上方及前方。

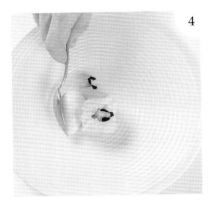

4

以汤匙挖牛奶冰淇淋成橄榄球状，摆在牛奶蛋糕右侧可作为黏着下一步骤的牛奶脆片之用。

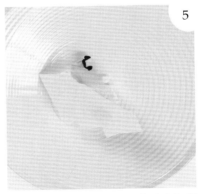

5

取一片大小适中、不规则状的牛奶脆片，斜放在牛奶蛋糕及牛奶冰淇淋上面。

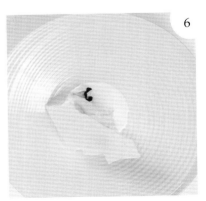

6

上桌时，从盘底空白处慢慢倒入水蜜桃牛奶酱汁，高度大约淹至水蜜桃珍珠酒糖的一半即可。

台北喜来登大饭店安东厅 — 许汉家 主厨

岁月静好
别致的和风午茶时光

优雅的镶边圆盘配上三角状的抹茶蛋糕主体，浅蓝、粉绿、奶白的主色调十分柔和，带出形状的基本视觉变化。此外也善用分子料理元素，抹茶土壤延展了盘面的水平线条，而竖立摆放的抹茶拉糖圈、抹茶蛋白脆饼等其他抹茶元素，则强调向上的锐角与立体度，为这道散发秀雅含蓄气质的和风洋食，增添几分跳脱传统的独特俏皮感。

器 皿

骨瓷圆盘

镶饰浅蓝玫瑰纹的美丽圆盘，秀气高雅的风格与抹茶
系甜点的优雅彼此呼应，而大盘面能有大片留白演绎
空间感与气势。

材料

A　抹茶微波蛋糕

B　抹茶巧克力蛋糕

C　抹茶蛋白脆片

D　抹茶拉糖圈

E　抹茶土壤

F　蛋白霜饼

G　糖粉（图中未显示）

H　鲜奶油（图中未显示）

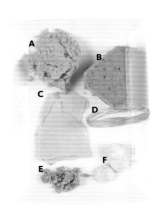

步 骤

1

以手抓取抹茶土壤，铺于盘面中央成一
椭圆状。

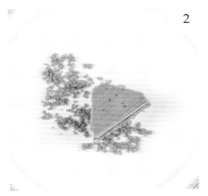

2

将抹茶巧克力蛋糕置于抹茶土壤之上。

3

于抹茶蛋糕侧边用星形花嘴挤花袋挤上
一球鲜奶油，再将拉糖圈竖直摆放。

4

撕取抹茶微波蛋糕散置于抹茶土壤之
上，并斜摆一片不规则状的抹茶蛋白脆
片。

5

于抹茶土壤周边以三角形构图摆上三颗
蛋白霜饼，勾勒、稳定画面。

6

以指节轻敲筛网边缘，于甜点表面洒上
细细的糖粉。

Terrier Sweets 小梗甜点咖啡 ｜ Lewis Chef

烤皿化身食器
稍纵即逝的绵密

入口即化、蓬松的舒芙蕾，出炉后遇到冷空气便会渐渐塌陷，让主厨们常常焦急得要将其快快送上桌，以此为趣味，将烤皿作为食器，小一号的带把铜锅，缀以草莓樱桃雪酪、开心果碎、干燥草莓粒等粉嫩、色彩明亮的食材，冷热口感的搭配，增加单一主体的分量并延伸视觉，而直接置于其上的黑色长方岩板，除了以强烈色彩对比显色，也能用以衬底避免铜锅烫手。

器 皿

材料

A　开心果碎

B　草莓樱桃雪酪

C　舒芙蕾

D　干燥草莓粒

E　布列塔尼粉

F　糖粉

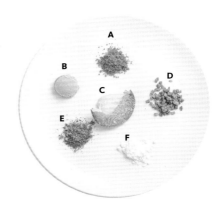

黑色长方岩盘、小铜锅与防热手把套

将烘焙器具带把小铜锅带防热手把套直接端上桌，除了维持舒芙蕾的热度，也营造快速出炉的趣味感，搭配法国 Revol 黑岩盘朴实的质感，予人简单温暖的感觉。

■ Step by step

步 骤

1

在盘中央以布列塔尼粉洒出一条线，留下盘右约 1/3 的面积。

2

于盘左端约 1/3 处斜放上挖成橄榄球状的草莓樱桃雪酪。

3

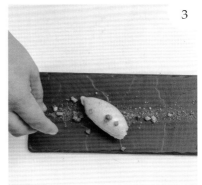

在雪酪的表面与侧边洒上干燥草莓粒。

4

沿着布列塔尼粉上方点缀适量开心果碎。

5

盘右 1/3 空白处，摆上小铜锅现烤舒芙蕾后，再撒上些许糖粉。

高底落差的视觉张力
强烈对比色搭配质朴材质 展现南洋风情

鉴于市面上的舒芙蕾多讲究口味，视觉上的呈现却较为单调贫乏，特地选用订制的巴厘岛木盘，将蛋白饼、覆盆子海绵蛋糕、刨片小黄瓜卷、草莓片等多种鲜艳、对比颜色的食材自然、错落地摆放在木盘上，并缀上食用花以增添柔美、南洋风情。木盘中以日式茶杯盛装红莓舒芙蕾，右侧低矮透明玻璃杯中装有小黄瓜冰沙，视觉上一高一低、粉红粉绿，与底盘食材色彩呼应，虽然色调略淡却以高度拉出视觉重心。

台北君悦酒店 | Julien Perrinet Chef

器皿

木盘、日式茶杯、透明玻璃杯

木盘内弯弧度优美，有高度地聚焦中线，因此将食材以长条状摆放。而深邃古朴的木纹，能衬托色彩鲜艳的食材，并与质朴的日式茶杯气质相吻合，材质上一深一浅、一粗糙一光滑形成强烈视觉对比。右侧的透明玻璃杯放置冰沙，除了营造清凉感，也能降低存在感，避免抢走主体的风采。

材料

A	蛋白饼	
B	食用花	
C	杏仁饼干屑	
D	覆盆子海绵蛋糕	
E	刨片小黄瓜卷	
F	意大利饼干（biscotti）	
G	草莓片	
H	糖粉	
I	小黄瓜冰沙	
J	草莓酱	

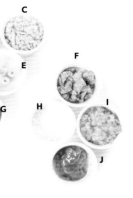

步骤

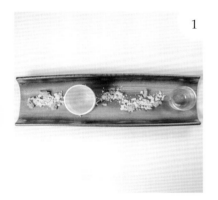

1

先将日式茶杯和透明玻璃杯分别放在木盘的中间偏左和最右边，因为舒芙蕾的膨度会快速消失，因此先放上杯子作为定位。杏仁饼干屑撒在木盘中线的空白处，在杏仁饼干屑上再一上一下撒上少许意大利饼干。

2

在杏仁饼干屑上一上一下放上三片草莓片后，将刨片小黄瓜卷一上一下共六个交错放在草莓片旁。

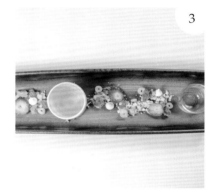

3

捏成小块的覆盆子海绵蛋糕和蛋白饼同前步骤依序一上一下盖满杏仁饼干屑。

4

将三朵食用花点缀在草莓片上，并用挤花袋将草莓酱点交错缀在前几步骤的食材上。

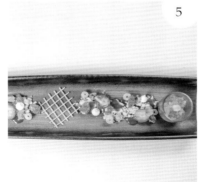

5

将小黄瓜冰沙盛入玻璃杯中，并放一个小黄瓜卷在冰沙上，点缀呼应盘中食材。

6

将烤好的舒芙蕾放在日式茶杯上，再洒上糖粉点缀。要吃时把舒芙蕾中央挖一个小洞，将小黄瓜冰沙放进去一同享用。

水果迪斯科旋涡
放射热情洋溢

跳脱常见思维，以水果盅的方式烤舒芙蕾，搭上各式各样的水果，用其本身的酸度中和舒芙蕾的甜度，外形上即如其名佛流伊舒芙蕾（Fruit Soufflé 水果舒芙蕾）。整体构图以主体集中、配料分散为原则，营造出韵律与喧闹感，而反复出现的各种造型、明亮色彩围绕中心，以及深色螺纹线条的动态感，就仿佛流行于80年代的迪斯科舞厅，中心的迪斯科水晶球反射出一道又一道的霓虹光，水果们热情洋溢、自由奔放、无拘无束地舞动着。

● Nakano 甜点沙龙 — 郭雨函 主厨

器 皿

方薄盘

画盘以巧克力酱画出旋涡，色调上缤纷热闹，因此选择泰国 Royal Bone China 方盘作为对比，外方内圆的组合在上桌时可以稍微偏斜角度，营造出其强烈有风格的个性。

材 料

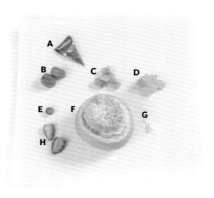

- **A** 巧克力酱
- **B** 覆盆子
- **C** 奇异果块
- **D** 芒果块
- **E** 蓝莓
- **F** 佛流伊舒芙蕾
- **G** 糖粉
- **H** 草莓块

步 骤

1

盘子放在转台上，一边旋转一边以挤花袋将巧克力酱由中心向外拉出螺旋纹。

2

利用牙签将螺旋纹由内而外，一圈一圈刮出放射线条。

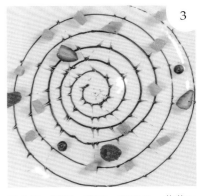

3

奇异果、芒果、草莓、覆盆子、蓝莓五种亮色系的水果，交错分布在螺旋纹最外围的几圈。为让装饰水果大小相当，需先将草莓对切、奇异果和芒果切丁。

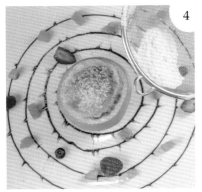

4

将佛流伊舒芙蕾摆在螺旋纹中间，以筛网在上头撒些糖粉装饰。

自然感线条成流动的海
慵懒的午后海边

舒芙蕾，法文Soufflé即是膨胀的意思，一般常见的舒芙蕾造型是装在小小的圆形烤碗里，在烘烤过程中会膨出一块松软的高度，出炉后接触到冷空气便会逐渐塌陷。而此道栗子薄饼舒芙蕾，将容器变换为折成扇形的薄饼，膨起便成了贝壳，溢出贝柱吐着沙，以此为中心构筑出海滩风景，透过自然流动的画盘线条与清淡色调，营造自然不雕琢的的画面。整体将盘面一分为二，左上与右下成一比二，主体摆在右下角，周围撒上饼干屑与栗子泥，以三角形构图收拢不规则状的点、线。

● Start Boulangerie 面包坊 | Joshua Chef

器皿

白色浅瓷盘

基本的白色圆盘面积大而小有弧度，表面光滑，适合
当作画布在上面尽情挥洒营造意象。

材料

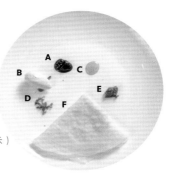

A 野莓酱

B 香草冰淇淋

C 百里香焦糖酱

D 饼干屑

E 栗子泥

F 饼皮

G 舒芙蕾（图中未显示）

步骤

1

用汤匙舀百里香焦糖酱，在盘子右侧刮
画出交叉的线条，并在左上方沿着盘缘
让酱汁自然流下。

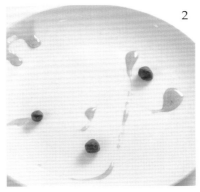

2

在百里香焦糖酱的交叉线条近旁以三角
形构图放上三颗栗子泥。

3

用尖汤匙蘸野莓酱，以三角形构图点画
出线条，并与栗子泥的位置交错开来。
整体的方向朝下，保持画面的流动感。

4

将饼干屑以三角形构图撒上，并与栗子
泥和野莓酱的位置交错开来。

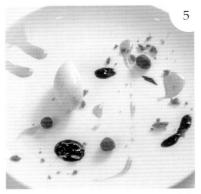

5

汤匙挖香草冰淇淋成橄榄球状，放在中
间偏左的饼干屑上，使其不轻易滑动。

6

在百里香焦糖酱的线条交叉处，放上刚
烤好的包在饼皮里的舒芙蕾，圆弧状朝
上，折叠的角朝下。

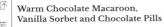

舒芙蕾

Warm Chocolate Macaroon,
Vanilla Sorbet and Chocolate Pills

温马卡龙佐香草冰淇淋

● 台北喜来登大饭店安东厅 — 许汉家 主厨

形状与点线面交错变幻
散发温暖与香气的甜美星图

方盘的方，巧克力粉画盘的三角线条，宛如星空大三角的三点巧克力酱构图，再配上大面积的圆饼状温马卡龙，使整体色调以白、咖为主的简单盘面，因多样形状与点线面灵活运用，展现丰富的视觉趣味。将温马卡龙摆放至距客人较远的盘面右上方，则可使视觉延伸，使整体画面更空旷舒适而不局促。

A　巧克力粉

B　温马卡龙（舒芙蕾）

C　糖粉

D　巧克力酱

E　巧克力甘纳许

F　巧克力豆

G　香草冰淇淋

方盘

简单雅致的泰国 Royal Bone China 方盘，可与摆盘的三角、圆点造型彼此衬托，增加视觉丰富性。

■ Step by step
步骤

1

于盘面摆上预先剪出三角形的塑胶隔板，持筛网轻洒一层巧克力粉，再洒上一层糖粉，最后取走隔板，完成三角状画盘。

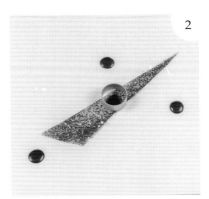

2

沿三角状画盘的周边挤上三点巧克力酱，再于画盘中央摆上小圆钢模，挤入少许巧克力酱。

3

于小圆钢模中摆上巧克力豆，再轻轻取走钢模。

4

挖香草冰淇淋成橄榄球状，置于巧克力豆上。

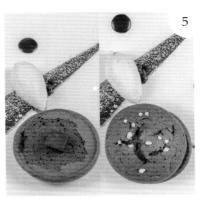

5

于三角状画盘边上摆上刚烤好的温马卡龙，并在中间放入一颗巧克力甘纳许。

6

轻摇筛网，于温马卡龙表层洒上糖粉。

提示：1. 画盘时若选用三角形、方形等带角度的造形，须注意尖角面不要对着客人，而是朝外。在法国餐饮传统中，将料理尖角面向客人较不礼貌。2. 巧克力酱可粘附巧克力豆，避免取走小圆钢模后巧克力豆散乱滑动。

高雅深盘与缤纷果物
传统小点华丽转身

下窄上宽，如漏斗般的白瓷深盘，将这道源自那不勒斯的朴实甜点，带出另一种典雅风情，也便于淋上樱桃酒糖水，使芭芭蛋糕浸润酒香，更显芳醇。摆盘则巧妙运用剩余的蛋糕底点缀盘沿，佐以柑橘雪贝、蓝莓、覆盆子等酸甜讨喜的果物，使盘面华丽多彩，传达出节庆般的欢愉气息。

● Angelo Aglianó Restaurant | Angelo Aglianó Chef

器 皿

白瓷深盘

这款深盘造型下窄上宽，除了适合盛装有汤汁的食物，也很适合摆放小巧的兰姆芭芭蛋糕，一圈一圈的螺纹将视线带向中央。

材 料

A　樱桃酒糖水

B　柑橘雪贝

C　柚子蜂蜜奶油

D　兰姆芭芭蛋糕

E　薄荷叶

F　蜂蜜柚子果冻

G　覆盆子块

H　蓝莓块

J　葡萄糖浆（图中未显示）

步 骤

1

于深盘中央摆上兰姆芭芭蛋糕，蛋糕底部可切掉，使其平整，方便摆放。

2

于盘沿一角挤一滴葡萄糖浆，再摆上兰姆芭芭蛋糕底部，作为摆放雪贝的基底。

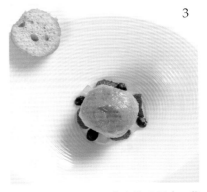

3

以镊子夹取覆盆子、蜂蜜柚子果冻、蓝莓，沿芭芭蛋糕交错缀饰一圈。

4

由芭芭蛋糕表面淋下樱桃酒糖水，使糖水略淹过盘中水果、果冻等配料。

5

于芭芭蛋糕顶端以圣诺欧黑花嘴挤花袋挤上些许柚子蜂蜜奶油，并交错摆放剖半的覆盆子、柚子果冻、剖半的蓝莓、薄荷叶等配料，使最顶端视觉丰富立体。

6

于盘缘的芭芭蛋糕底上摆上整成橄榄球状的柑橘雪贝，再点缀一片薄荷叶。

提示：芭芭蛋糕较厚的一边建议朝外，可形成稍高屏障，避免雪贝融化后向外滑动。

Traditional French Baba
Citrus Fruit Syrup & Vanilla Chantilly
法式芭芭佐水果糖浆与香草香堤

● S.T.A.Y. STAY & Sweet Tea | Alexis Bouillet 驻台甜点主厨

法国传统糕点
浸润甜蜜橘黄色的暖时光

法式芭芭蛋糕本身口感扎实甜郁，所以盘饰以柑橘、柠檬丝等轻巧、酸甜的食材为主。深盘底的柑橘水果糖浆使整体色调活泼，也是使芭芭蛋糕浸润糖汁、表面亮泽可口的重要功臣。圆柱状的芭芭蛋糕本身即具厚度与高度，上方摆放的香草香堤与柠檬丝亦可增加视觉立体纵深。整体装饰简单，却都能使蛋糕风味更丰富出色，黄、褐、白的色调也带来温馨淳朴的氛围。

器皿

材料

A 香草香堤
B 柑橘水果糖浆
C 法式芭芭蛋糕
D 金箔
E 糖渍柠檬丝

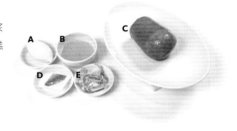

白色深盘
印有雅尼克 A 字标志的圆形深盘，具有深度凹槽、大盘面、宽盘缘，利于盛装酱汁、汤汁等液体和有高度的食材，集中食材聚焦视线，为 STAY by Yannick Alléno 专用食器。

步骤

1

以抹刀将法式芭芭蛋糕体置于深盘正中央。

2

用挤灌的方式将柑橘水果糖浆注入盘底，薄薄淹过蛋糕底部，使其充分吸取糖浆。

3

以刀尖于蛋糕两侧点上数片金箔，提亮整体视觉。

4

于蛋糕上方摆上挖成橄榄球状的香草香堤，可先在蛋糕上洒上饼干碎末以增加摩擦力。

5

于香草香堤顶端摆上糖渍柠檬丝便完成。

提示：挖取香草香堤时可顺着汤匙弧面挖取，待挖出椭圆形状时再略回勾，使形状圆润。

结合盘形向内画圆
馥郁动人的意大利经典

为了搭配口感偏软的提拉米苏，摆盘选用榛果、开心果、覆盆子粉杏仁角等脆而硬的坚果类增加口感，而坚果类的香气也能与提拉米苏的奶香、咖啡香完美融合，带来浓醇富余韵的味觉感受。而坚果碎末微微的红、绿色彩，则带出意式甜点的经典配色，将盘面点缀得更明艳讨喜。

Angelo Aglianó Restaurant

Angelo Aglianó Chef

器 皿

材 料

A 开心果碎
B 提拉米苏
C 巧克力碎
D 覆盆子粉杏仁角
E 咖啡冰淇淋
F 榛果
G 榛果碎

白瓷圆平盘

简单有质感的白色圆平盘，是摆放蛋糕类甜点的经典选择。

■ Step by step

步 骤

1

于盘中轻洒巧克力碎，约略形成淡淡的圆形，完成画盘。

2

于盘缘摆上一匙榛果碎，作为最后摆放冰淇淋的基底。

3

沿盘面周边依序均匀撒洒开心果碎、覆盆子粉杏仁角。

4

于中间的圆形画盘处摆上两粒榛果。

5

以抹刀将提拉米苏本体置于圆形画盘处。

6

将咖啡冰淇淋挖成橄榄球状置于榛果碎上，再洒上少许榛果碎于冰淇淋上。

Terrier Sweets 小梗甜点咖啡 ｜ Lewis Chef

轻柔与粗犷
圆形提拉米苏绽放酥脆活力

将原为方形或者三角形的提拉米苏塑成球形，创造视觉新体验。
整体透过中央集中、托高的方式聚焦，巧克力豆饼干和蛋糕粉两
种深浅不一的碎粒为土，一旁围绕不规则造型糖片与花果，高高
低低营造活泼的律动感，有如刚萌发的枝芽，衬以水蓝色波盘。
而马斯卡彭起司表面烤融的脆焦糖，食用时以汤匙敲破，清脆的
声响与击破过程，带来食用时的无限乐趣。

器皿

水蓝色波纹深盘

水蓝色予人轻盈柔软的感觉，再加上其自然的水波纹路和深度，一圈一圈将视线带入中心焦点。搭配色彩沉稳的褐色提拉米苏，冷色暖色两相对比，使其展现年轻活力的面貌。

材料

- A 咖啡果冻
- B 杏仁糖片
- C 夏堇
- D 咖啡糖片
- E 巧克力蛋糕
- F 马斯卡彭起司
- G 巧克力豆饼干
- H 蛋糕粉
- I 蓝莓
- J 开心果碎

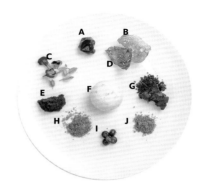

步骤

1

将巧克力豆饼干铺满盘底至略高于盘面。

2

将球形的马斯卡彭起司放在巧克力豆饼干上。

3

蛋糕粉沿着马斯卡彭起司周围撒3厘米宽的一圈，避免过窄被其他叠放的食材遮蔽。

4

五块不规则状的咖啡果冻间隔均匀地放在蛋糕粉上。

5

将夏堇、蓝莓、巧克力蛋糕、开心果碎、咖啡糖片和杏仁糖片依序均匀地放在蛋糕粉上。咖啡糖片和杏仁糖片事先塑成弧形，以直立穿插。

6

将一片足以包覆球形马斯卡彭起司的圆形杏仁糖片，置于马斯卡彭起司上，再使用喷射打火机烧融、塑形，用手包覆。

羽翼拉糖
向上飞跃的灵动天使

德国南部传统点心巴伐利亚，加上手指饼干便成了家喻户晓的夏洛特蛋糕(Charlotte)，绑上缎带的造型相当经典，就像十八世纪欧洲名媛及带动时尚风潮的英国国王乔治三世王妃夏洛特最喜欢戴的缎带帽，是一种富淑女气质的甜点，因此选用羽状金色线条的圆盘和呼应主体的小巧芒果丁作为装饰，带出奢华、细致的女性特质。而羽翼拉糖的盘饰亮点，来自于主厨认为西式盘饰概念与宗教的密切关联，以天使作为发想，将羽翼拉糖衬在后方，拉升了视觉高度，晶莹透亮的翅膀优美而精巧。

● Nakano 甜点沙龙 —— 郭雨函 主厨

器 皿

白底金边圆盘

此道甜点主体偏向细腻精致，因此选用金边的白盘，
仿佛羽毛一般，呼应主题发想，不仅能简单地衬托其
高雅气质，旋转线条更有灵动、飞跃之感。

材料

A 羽翼拉糖
B 开心果碎
C 芒果丁
D 巴伐利亚蛋糕
E 法国小菊
F 芒果酱

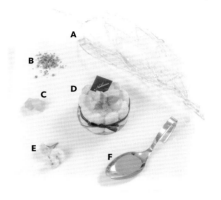

步 骤

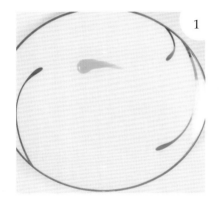

以汤匙盛装芒果酱，以像画逗点的方
式，自右至左点画在盘中偏下方。

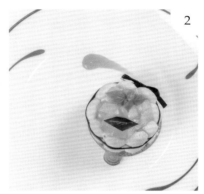

将巴伐利亚蛋糕摆在盘中的偏左方。

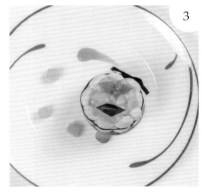

将切丁的芒果，取三个等距铺在盘中的
偏右方，与芒果酱、巴伐利亚蛋糕大致
成圆形。

将黄、白两种颜色的法国小菊，斜倚在
第二颗芒果丁旁边，注意花朵朝向正面
摆放。再将些许开心果碎分别撒于三颗
芒果丁旁边与表面一角。

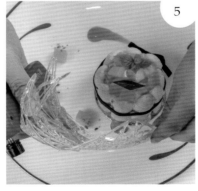

将羽翼拉糖粘在巴伐利亚蛋糕的左后
侧，让它看起来像从蛋糕背后长出来的
样子。

提示：固定糖片的方法，先用喷射打火机将
糖片底部烧融，放到欲摆盘的位置，将底部
压在盘子上约一分钟便能固定。若第一次烧
融得不够，可一边按压一边适量加火。

● Le Ruban Pâtisserie 法朋烘焙甜点坊 ── 李依锡 主厨

少即是多
简单却念念不忘的真味

因应原味蛋糕卷自然、真淳的风格，摆盘也以呈现食材最真实单纯的一面为核心概念。首先选用风格温润甜蜜的圆盘，呼应蛋糕卷的黄褐圆柱状外观；再舀取鲜奶油突显蛋糕卷的内馅口味，最后轻轻洒上糖粉，营造宛如雪花的清甜飘逸感。盘饰步骤简单，却精确传达与蛋糕卷如出一辙的制作理念。

器皿

材料

A　蛋糕卷
B　日本鲜奶油
C　糖粉

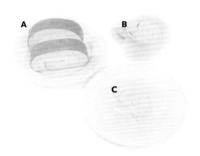

厚圆盘

特意选用与蛋糕卷色调完全相同的英国 royal crown derby 圆盘，奶白、杏黄、浅咖的组合，再加上厚实的圆形，予人温暖甜蜜的纯朴形象。

■ Step by step ································
步骤

1

2

3

以抹刀将蛋糕卷盛盘，前低后高的方式摆放，并完整露出蛋糕卷剖面，可呈现堆叠、丰盛的立体感。

舀取一匙日本鲜奶油，置于蛋糕卷剖面与盘面之间，使其自然流泻下来。

以指腹轻弹筛网，于蛋糕卷顶端轻洒糖粉，洒至盘面可延伸视觉。

共有交点的直线
描绘草莓卷的可爱时尚魅力

女孩们最喜欢的红色甜点：草莓香草卷、草莓、覆盆子与覆盆子酱、红色巧克力棒，简单缀以绿、黄。整体构图采取四线交错，为避免在视觉焦点上造成混乱，将其集中于一个交叉点，覆盆子画盘线条延伸至盘缘，以破格方式营造时尚感，而巧克力棒向上拉高视觉，做出新的三角空间，让小巧可爱的圆柱状草莓卷更有张力。

香格里拉台北远东国际大饭店—董锦婷 甜点主厨

器 皿

材料

A	金箔	E	卡士达馅	I	整颗草莓
B	食用花	F	覆盆子	J	巧克力棒
C	小菊花造型糖	G	蓝莓	K	草莓香草卷
D	绿茶酥菠萝	H	草莓块	L	覆盆子酱
					（图中未显示）

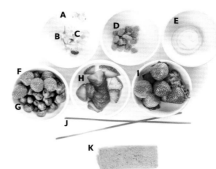

圆凹盘

简单常见的大圆盘，可以充分留白营造时尚感，而其
下凹线条明显有个性，再加上表面洁白光滑，灯光照
下便会起聚光效果。

步 骤

1

用挤花袋将覆盆子酱在盘中由左到右画
出一条直线，再将草莓香草卷斜放在盘
子右上角，与覆盆子酱的线条交叉。

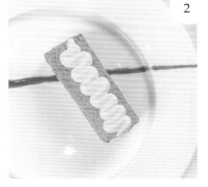

2

用剪成平口的挤花袋，将卡士达馅以波
浪状挤在草莓香草卷上。

3

先将切成角状的四块草莓一左一右插在
卡士达馅上。剖半的覆盆子和剖半的蓝
莓依序一左一右插在卡士达馅上。

4

将切成 1/4 的绿茶酥菠萝穿插摆放在卡
士达馅上，并放上一朵小菊花造型糖。

5

将剖半的覆盆子和剖半的蓝莓，放在覆
盆子酱沿线两侧。

6

覆盆子酱两端放上食用花。将两条巧克
力棒交叠在草莓卷上，在其中一条的一端
放上金箔。两条巧克力棒的交叉点与蛋糕
和覆盆子酱相交的点相同。

提示：蓝莓剖半、绿茶酥菠萝切成角状，较
容易固定、摆放。

維多丽亚酒店 | Marco Lotito Chef

大圆小圆落圆盘　高高低低
森林中的美丽轻叹

绿茶搭配奶油做出造型小巧可爱的森林卷，卷内的纹路宛如树纹，
切成不同长度直立摆放，颠覆一般以平放为主的摆盘方式，比拟为
一颗颗的树木，高低有别自然有层次，而大大小小的芝麻酱、奇异
果酱圆点以及芒果冰淇淋除了能调和让味道清爽，所有食材造型都
以圆为主，结构简单明确，长成舒服温暖的午后森林。

器皿

米色圆盘

色彩自然的米色、层层立体的同心圆纹路,再加上深浅不一的褐色线条,呈现怀旧与朴实的视觉感受,配合森林卷温和、天然的气息。

■ Ingredients

材料

A 芒果冰淇淋　　**E** 巧克力脆饼

B 抹茶海绵蛋糕　**F** 炭粉饼

C 芝麻酱

D 奇异果酱

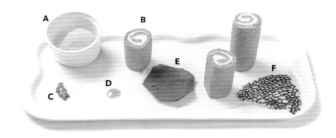

■ Step by step

步骤

1

将巧克力脆饼放在圆盘中心。

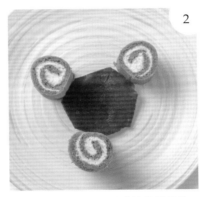

2

将三个长度不相同的抹茶海绵蛋糕卷,以三角形构图立放在巧克力脆饼周围。

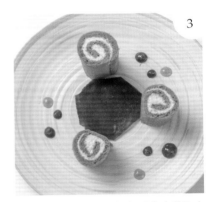

3

在蛋糕卷与蛋糕卷之间各以芝麻酱和奇异果酱点成大小不一的圆点,呈现活泼感。

4

将芒果冰淇淋挖成球放在巧克力脆饼上,接着横插上一片炭粉饼。

提示:三个长度不相同的抹茶海绵蛋糕在摆放的时候,要以矮的在前、高的在后为原则,避免食用者在观看时视线被阻挡。

展翅飞翔形象鲜明
色彩强烈的动态莓果生乳卷

由盘面上的气旋纹路为发想，如临起大风，动态感十足，因此将装饰脆饼设计成翅膀状，让莓果生乳卷仿佛要起飞一般，扫起一阵旋风，旁边散落的一圈开心果粒正在躁动。整体构图由外而内一圈一圈聚焦，再以流线型脆饼向上延伸，色彩上则采用红与绿的强烈对比，让人印象深刻且引人注目。在口感上，莓果生乳卷本身有丰盈乳香，入口即化，与脆饼、巧克力饰片和开心果粒的搭配增加层次。

台北君品酒店 —— 王哲廷 点心房主厨

器 皿

气旋纹白圆盘

白盘上带有两道宛如气旋、台风的纹路，意象简单而
鲜明；大面积的盘面则营造出气势，第一眼就能吸引
目光，让简单的莓果生乳卷有了新的想象。

材 料

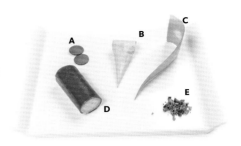

A 巧克力饰片

B 焦糖酱

C 装饰脆饼

D 莓果生乳卷

E 开心果粒

步 骤

1

取大小适中的中空模具摆在盘子正中
央，利用转盘，将焦糖酱以挤花袋在周
围挤一圈。

2

沿着中空模具周围洒上一圈开心果粒。

3

取下中空模具，在焦糖酱圈中央，以30
度角摆上莓果生乳卷。

4

将装饰脆饼宽边的部分，压在莓果生乳
卷下方。

5

刷上粉铜色的圆形巧克力饰片粘在莓果
生乳卷两侧。

花体签名个性风
简练中透出甜美

摆盘重点在于富签名手感的 "Opéra" 花体字样，传达一种亲切、人性化的留言风格，直述甜点之名。平滑的全黑石板宛如签名板般突显了甜点与字样，而石板上散置的玫瑰花瓣则呼应欧培拉的玫瑰内馅，并使盘面活泼娇艳，而不仅止于黑与白的严肃。为使盘面色调和谐，特别选用色调与奶白香草酱相近的银箔点缀字体，质感高雅，却又不会如金箔抢眼而奢华。

WUnique Pâtisserie 无二烘焙坊 | 吴宗刚 主厨

器皿

材料

A 欧培拉
B 银箔
C 香草酱
D 玫瑰花瓣
E 葡萄糖浆
（图中未显示）

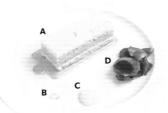

长方黑石板

简单无华的全黑长方石板，是突显甜点与盘饰的绝佳纯色背景，利落的线条与角度呼应欧培拉方正平坦的外形，个性十足。

步骤

1

以香草酱于盘面上方拉出大大的 Opéra 的法文草写花体字样。

2

以抹刀于花体字对角处摆上欧培拉蛋糕本体。

3

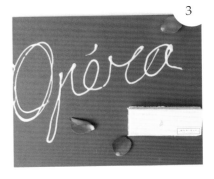

于空旷处点上几滴葡萄糖浆，再摆上几片玫瑰花瓣缀饰。

4

于花体字样上点上银箔，使字样更闪亮。

提示：香草酱制作温度以 30℃为宜，画盘的花体字需注意力道与速度拿捏，若画字时速度太快、力道不足，线条便容易断开。

反复变奏的美好旋律
欧培拉奏出欢乐颂

欧培拉为法国的经典蛋糕，至今已有数百年历史，其原文 "Opéra" 即歌剧院之意，相传因创制此人气蛋糕的甜点店位于歌剧院旁而得名，另一说则是因为它正方正的形状如剧院舞台，中间缀上的金箔如加尼叶歌剧院 (Opéra Garnier) 一般上了金漆。传统以咖啡糖浆海绵蛋糕和鲜奶油、巧克力酱层层交叠而成，最后表面再淋上一层巧克力酱，并装饰上巧克力片和金箔。以此鲜明形象为发想，保留方正外形，分切成小块加上简单的五线谱线条及巧克力音符，重复而统一的配置方式和曲线律动，仿佛歌剧院轻快跳跃的乐章，深受女性的喜爱。

亚都丽致丽致坊 — 苏益洲 主厨

器皿

材料

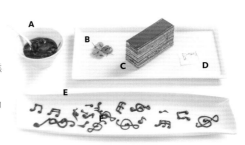

A 巧克力酱
B 红酸模叶
C 欧培拉蛋糕
D 金箔
E 音符巧克力

白长盘

带有曲线的日本 Narumi 白色长盘，细长、小巧，显得精致可爱，适合盛装小点和派对场合。而弯曲的线条则呼应五线谱的线条，富有律动、节奏感。

步骤

1

将巧克力酱以挤花袋，在盘内画上五线谱。

2

将音符巧克力摆放在五线谱上，并留下三个间隔。

3

将整块欧培拉蛋糕均匀切成三个方块。

4

将三块蛋糕分别放在五线谱上的空位处，两块直立、一块平躺摆放，随兴摆放使其不会呆板。

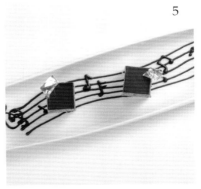

5

把金箔放在三块欧培拉蛋糕表面一角点缀。

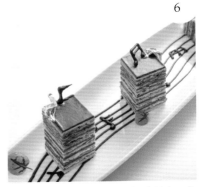

6

音符巧克力以直立、正面朝前插在三块蛋糕上。红酸模叶的红色叶纹朝上放在蛋糕上下的位置。

三角下的高山意象
大地色系与利落线条的交锋

因工作忙碌少有机会到户外透透气，主厨借抹茶欧培拉的外形和色彩作为发想，山与绿来营造高山的意象。三角毛玻璃盘纹路粗犷如山岩，以三点让画面平衡并拉出视觉张力，而除了抹茶欧培拉，巧克力片也采用三角形造型呼应，刷上如雪的银粉一前一后加强力道、拉高视觉，再借雪柱般的焦糖臻果棒交错创造三度空间，暗示高山横看成岭侧成峰的多面向。搭配口味清爽、色彩柔和的芒果雪贝稍做调和；一旁洒落的巧克力酥菠萝和线条鲜明的糖烤紫苏叶就像踩在泥土上的踏青。

香格里拉台北远东国际大饭店——董锦婷 甜点主厨

器 皿

黑色椭圆展台、三角毛玻璃盘

黑色椭圆展台的钢琴烤漆，能体现出高雅稳沉的气
质，与三角毛玻璃盘具现代感的利落线条、鲜明纹路
形成强烈对比，予以高山意象更强烈的感受。

材 料

A　糖烤紫苏叶

B　银粉巧克力片

C　巧克力酥菠萝

D　抹茶欧培拉

E　焦糖臻果棒

F　芒果雪贝

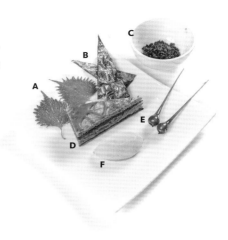

步 骤

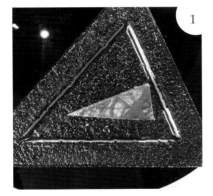

1

三角毛玻璃盘放在黑色椭圆展台上。抹
茶欧培拉放在三角盘右下角，尖端朝
左。

2

银粉巧克力片一片平贴在蛋糕前侧，一
片顶点朝上、垂直粘在欧培拉后侧，可
利用葡萄糖浆作为黏着剂。

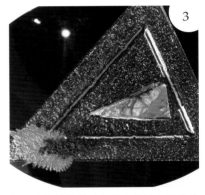

3

将两片糖烤紫苏叶交叠在盘子左下角的
顶点上，然后再撒上一些巧克力酥菠
萝。

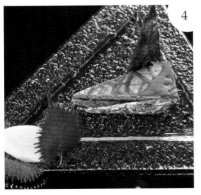

4

挖芒果雪贝成橄榄球状放在巧克力酥菠
萝上，接着将糖烤紫苏叶直立粘在其右
侧。

5

将焦糖臻果棒斜立在欧培拉上。

星团点点无边无际
不规则银盘的宁静想象

精致的法国甜点蒙布朗衬以独特的雾面银盘，透过红白交错的点状酱汁由盘内一路延伸至盘缘拓展、延伸画面，呼应不规则盘面自由无边的视觉感受，有如银河星团点点繁多却宁静，再加上细糖丝闪耀的金、星形巧克力片神秘的黑，简单的色彩彼此碰撞。

盐之华法式料理厨房 ｜ 黎俞君 厨艺总监

器皿

不规则金属盘

不规则盘面予人自由无边的想象，再加上雾面金属质感，创造银河晕染无限延伸的宁静。金属材质会反射灯光，能营造聚光灯的效果。

材料

A　造型巧克力片
B　糖粉
C　糖烤栗子
D　覆盆子
E　蛋白霜
F　牛奶酱
G　糖丝（图中未显示）
H　蒙布朗
I　覆盆子酱
J　芝麻糖片

步骤

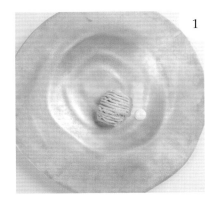

在盘中一角点上一滴牛奶酱，再于牛奶酱旁放上蒙布朗。

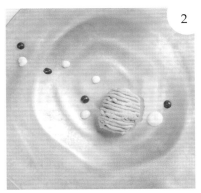

顺着蒙布朗的横向轴线，用挤罐将牛奶酱与覆盆子酱交错点缀，一路延伸至盘缘。

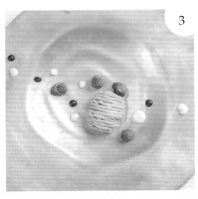

于酱汁旁缀上数颗覆盆子，再将一颗糖烤栗子放在蒙布朗旁。

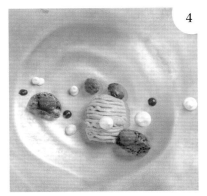

蛋白霜点缀在牛奶酱和蒙布朗上，而芝麻糖片则垫在两颗同侧的覆盆子下。

在蒙布朗的前方斜靠上装饰巧克力片，后方则放上糖丝。

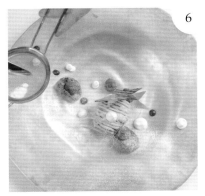

用筛网将糖粉撒于盘面上方 1/2 处。

翻转蒙布朗
以食材仿造大雪纷飞之景

法国传统甜点Mont-Blanc，原文指勃朗峰，中文直译其音蒙布朗，或者俗称法式栗子蛋糕，因其如山的蛋白霜堆上层层栗子奶油霜，再覆上一层糖粉，仿佛秋冬之际山木枯萎长年积雪的阿尔卑斯山最高峰——勃朗峰。此道勃朗峰翻转食材组合顺序，将栗子奶油霜和蜂蜜蛋糕置底，片状灰色和白色蛋白霜饼，造出实景雪色，加上大量橄榄柠檬油粉，营造干燥、冷冽，被大雪吹袭的景象。堆叠蛋白霜饼时，手感是重点，越立体高耸越能做出第一高峰的样貌。

Terrier Sweets 小梗甜点咖啡 | Lewis Chef

器 皿

白色平盘

洁净白色与平滑的盘面，带来冰冷、安静的视觉感
受，简单的外形能完整呈现食材的样貌，也呼应主题
冷冽的雪景。

材 料

A　综合莓果
B　蛋白霜饼
C　栗子奶油霜
D　蜂蜜蛋糕
E　栗子
F　橄榄柠檬油粉
G　芝麻蛋白霜饼

步 骤

1

盘中央放上一片圆形蜂蜜蛋糕作为基
底。

2

舀栗子奶油霜成丘状，集中并向上塑形
以利后续堆叠。

3

将栗子与综合莓果交错镶在栗子奶油霜
上后，再于顶端加一勺栗子奶油霜。

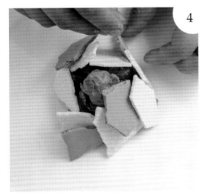

4

手掰蛋白霜饼和芝麻蛋白霜饼成不规则
状，两者交错由内而外围绕栗子奶油霜
的周边与顶端。

5

接续上一步骤，再朝着纵向堆叠，延伸
出山脉状。

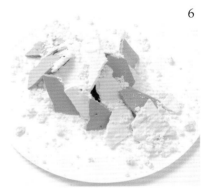

6

在整个蛋白霜饼上方自然撒下大量的橄
榄柠檬油粉。

糖工艺打造三层架
火焰般的视觉震撼

灵感来自于英式下午茶的三层架，利用支架、基座、造型卷曲、交错的结合，一层一层烧融、焊接，打造工艺品般精致的糖架。将各式不同的蛋糕摆放在一起时，可借由独特的盛装器皿营造视觉上的震撼，而此糖架利用如火焰般的镂空线条和错落高度，衬托出不同造型、各式色彩和口味的甜点，前方再放上粉嫩色系的马卡龙调和、点缀，将视觉向前延伸。

● Nakano 甜点沙龙 ── 郭雨函 主厨

白色浅凹盘

内圆外方的的白盘，中间浅浅的凹陷固定糖架也能让
视线聚焦。整体盘面大，能够支撑三个蛋糕体以及挑
高的拉糖。

A　焦糖威尼斯

B　马卡龙

C　糖片

D　柠檬塔

E　鲜奶油

F　榛果修可拉

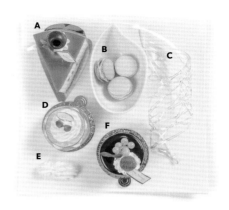

1

在盘内左上角，用喷射打火机烧融固定
3 片较厚的糖片作为支架，然后在上面
架一片平的糖片。

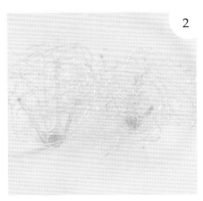

2

同步骤 1 的方式，在糖架右边再做一个
更高一些的糖架。

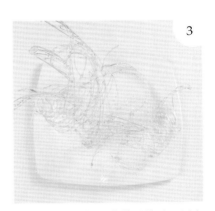

3

接着将数片螺旋卷曲状的糖片，以直
立、包覆等方式，围着两个糖架做成小
小展示场。同样以喷射打火机烧融焊
接。

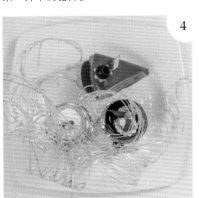

4

将圆形的柠檬塔、榛果修可拉摆在两个
糖架上，焦糖威尼斯的断面朝前，摆在
糖架前的盘面上。

5

将鲜奶油装入挤花袋，从糖片向左下延
伸挤一球鲜奶油，再插上两个马卡龙装
饰。

提示：糖架的制作耗费较多时间，需事先制
作，此道甜点所使用的糖架是以透明塑胶软
板卷起塑形而成。而最底部搭造糖架的基底
时，需要使用较厚的糖片以支撑其他糖架和
蛋糕的重量。

Ribbon Half Meter

半米的甜点盛缀

S.T.A.Y. STAY & Sweet Tea ｜ Alexis Bouillet 驻台甜点主厨

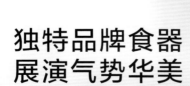

独特品牌食器
展演气势华美

主厨雅尼克素负盛名的甜点盛缀，以别致的特殊食器达到实用又具气势的效果，能充分展示甜点宛如珠宝的精致美。基本上只需搭配尺寸相同、色彩和谐的甜点，便可达到良好展演效果。本次摆盘选用酸甜的莱姆柚子塔、粉彩色调的马鞭草蜜桃圣女泡芙、嫣红抢眼的大地蔷薇，及外观圆润的大溪地香草千层派，于甜点品项、色调与口感上展现多变又协调的风格。

器皿

材料

A 大溪地香草千层派
B 马鞭草蜜桃圣女泡芙
C 莱姆柚子塔
D 大地蔷薇

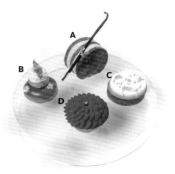

银色金属缎带盘

特别订制的长达半米的银色金属缎带盘，造型特殊，一般食器只能盛放一种甜点，而甜点盛缎可一次展示三到四个，分量小，选择多。为 STAY by Yannick Alléno 展示甜品的专用食器。

步骤

1

以抹刀将莱姆柚子塔置于甜点盛缎的一侧。

2

以抹刀将马鞭草蜜桃圣女泡芙置于莱姆柚子塔边上。

3

用抹刀依次放上大地蔷薇。

4

以抹刀将大溪地香草千层派斜置于甜点盛缎另一侧，展示其侧面结构。

Plated Dessert

MOUSSE

慕 斯

形象化的组合器皿
晚餐结束后真心诚意双手献上的小茶点

1962年，一位英国王子向他的主厨交代，希望能在晚餐八点
结束后，让他的宾客品尝到带有清新感的甜点，因而有了著
名的小点 —— 八点过后（After Eight），薄荷巧克力片。以此
为发想，转换为薄荷点缀的巧克力慕斯，做成一口食用的小
点，通常和茶或咖啡搭配，所以便使用咖啡豆铺底，并将情
境概念思考化为视觉，将小点置于手模型中，以不同角度的
交叉放上巧克力饰片和饼干棒，拉高视觉，使画面更活泼，
最后再缀上亮色系的薄荷，增加清新感。

MARINA By DN 望海西餐厅 ｜ DN Group

■ Plate

器皿

相框、手模型

特地做成一口大小的茶点，想呈现亲手送上礼物的概念，因此将相框作为器皿，把咖啡豆集中起来，木头框边有着温暖的感觉，再放上两只手模型托高视觉，予以独特的视觉飨宴。

■ Ingredients

材料

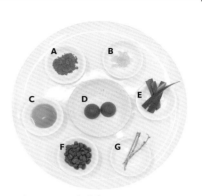

A 可可粉 *

B 薄荷冻

C 抹茶酱

D 巧克力慕斯

E 巧克力饰片

F 咖啡豆

G 饼干棒

* 此为制作巧克力慕斯的原料，不使用于盘饰中。

■ Step by step

步骤

1

盘中铺满咖啡豆。

2

将两个手模型插在咖啡豆里，手心朝内。

3

在手模型中各放一个巧克力慕斯。

4

在两个巧克力慕斯顶端各滴上一点抹茶酱作为黏着，并放上切碎的薄荷冻，斜放上饼干棒。

5

于抹茶酱上斜放上巧克力装饰片，与饼干棒呈交叉状，一手直立，一手平躺。

颠倒的盘子　颠倒的味觉
走在中间的细腻平衡

口味独特的黑蒜巧克力慕斯，来自咸食料理的思考，因发酵过的
黑蒜本身不带辛辣味而是甜味，再加上过去曾有厨师将巧克力入
菜，结合搭配后以番茄为中间媒介。在甜咸之间不断转换下，也
翻转了盘子，以底为面让盘子有了新视角，中间凹槽置入主体黑
蒜巧克力慕斯，摆放成特殊的120度角，像是仔细接合的画面，予
人纤细、屏息之感，缀上金钱草和点状画盘，是有露珠与小叶子
的夏天清晨，轻轻一震大地便会苏醒。

器 皿

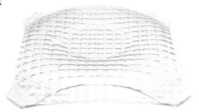

材料

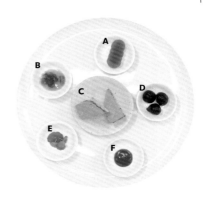

A 番茄果冻
B 番茄果酱
C 黑蒜巧克力慕斯
D 黑蒜
E 金钱草
F 焦糖酱

网状玻璃曲线方盘

呼应此道甜点翻转味觉体验，将玻璃盘翻过来呈现另一种面貌。利用网状纹路与弧形让酱汁与慕斯跟着走动，有着律动感。在选择将盘子翻过来时，要特别注意不要挑选太过不规则的，避免站不稳、食材易滑动。

步 骤

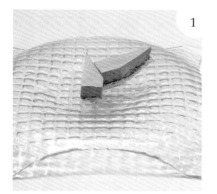

1

将黑蒜巧克力慕斯切长条后再对切斜角成梯形。一半置于中间，一半斜摆以120度角接合。

2

将切块的黑蒜半圆、以模具切出的番茄果冻半圆，沿着巧克力慕斯形状，交错一前一后、或躺或立地摆上三组。

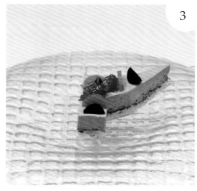

3

在两块巧克力慕斯中间，斜斜地将番茄果酱铺上一条。

4

在三组黑蒜和番茄果冻半圆中各插上一株金钱草。

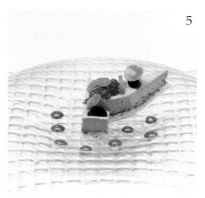

5

沿着黑蒜巧克力慕斯下缘用焦糖酱画出圆圈。

优雅华丽圆舞曲后
破坏完美的冲突视觉秀

主色为金黄与深棕色的巧克力慕斯衬焦化香蕉及大溪地香草冰淇淋，透过以深棕为底、金黄为饰层层覆盖与交错，带出经典优雅之感。而由大至小的圆形堆叠则像是一场不间断的圆舞曲派对，从白色深盘、金边浅碗、巧克力慕斯、香草冰淇淋和绕圈的巧克力脆片碎、酥菠萝、蜂蜜脆片碎，到最后覆盖的镂空半圆球状巧克力，设计成有大大小小的洞，除了可以窥见甜点主体外，也能使巧克力成分不至于太重、太甜腻。最后上桌时的干冰从盘底窜出，云烟缭绕更添迷蒙幻景之感，然后浇淋上热巧克力酱，化开一个又一个的圆，仿佛一场烟花坠落的视觉秀。

L'ATELIER de Joël Robuchon à Taipei ｜ 高桥和久 甜点主厨

器皿

材料

A 镂空半球状巧克力　　**E** 巧克力慕斯　　**I** 金箔
B 巧克力脆球　　　　　**F** 巧克力脆片碎　**J** 热巧克力酱
C 巧克力酱　　　　　　**G** 香草冰淇淋　　**K** 蜂蜜脆片碎
D 焦糖香蕉　　　　　　**H** 酥菠萝　　　　**L** 金粉
（图中未显示）

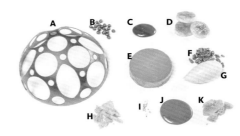

金边浅碗、白色深盘

将一大一小的金边浅碗和白色深盘交叠，使白色器皿创造出高低起伏的层次感，并借由深盘边的巧克力漆金粉画盘，与浅碗的金边和主要为金黄、深棕色的甜点相互呼应。选择两个皆有深度的器皿的原因在于，白色深盘的大盘面除了放置浅碗，也能藏置干冰，而金边浅碗的弧度则能防止巧克力淋酱外流。

步骤

1

用宽扁粗毛刷蘸巧克力酱在白色深盘的盘缘，画上由粗到细的线条，再将金粉喷于巧克力酱上装饰。

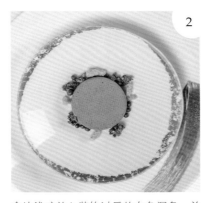

2

金边浅碗放入装饰过后的白色深盘，并于浅碗中央放入巧克力慕斯。依序将巧克力脆片碎、巧克力脆球及酥菠萝有间隔地绕在巧克力慕斯周围。

3

取三片焦糖香蕉以三角形平摆在巧克力慕斯上。并在香蕉片中间放一点酥菠萝，用以防止下一步骤的冰淇淋滑动。

4

用汤匙挖香草冰淇淋成橄榄球状，斜摆在酥菠萝上方。香草冰淇淋上撒一点蜂蜜脆片碎，再缀上一片金箔。

5

将镂空半球状巧克力盖上，于顶端粘一片金箔。

5

要上桌前将白色深盘放上干冰后加水制造云烟，再叠上金边浅碗。上桌后再将热巧克力酱倒在镂空半球状巧克力上，使其不规则破损。

提示：焦糖香蕉片的作法：将香蕉切成圆片后撒上糖，再以喷枪烘烤。

Mousse Chocolate/
Crème Brûleê au Cáfe

巧克力慕斯球佐咖啡布蕾

金属镜面大盘反光聚焦
三色协奏古典欧风

主厨的摆盘哲学，以不超过四色为原则，定调出
主色即是定出整体的个性和氛围。使用欧洲早期
常用金属银盘，其高反射特性，多重反射热情
的艳红色，并与沉稳的褐色形成强烈对比，再缀
上少许纯白色，经典大方的三种色彩协奏出甜、
苦、酸交融的滋味，完美诠释古典欧洲风情。

盐之华法式料理厨房 — 黎俞君 厨艺总监

器 皿

金属大银盘与桌饰

早期欧洲国家在摆放甜点时，常使用大银盘，因其亮面会反射光泽，使盘上食物看来更鲜艳可口，搭配特殊造型桌饰，可于上菜时搭配蜡烛点光，更添用餐时的浪漫气氛。

材 料

A 星星巧克力片
B 巧克力沙贝
C 玫瑰花瓣
D 马鞭草
E 覆盆子沙贝
F 蛋白霜
G 草莓
H 金箔
I 覆盆子
J 巧克力慕斯球
K 覆盆子糖片
L 巧克力蛋糕粉

■ Step by step

步 骤

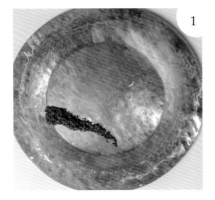

1

汤匙舀巧克力蛋糕粉于盘左下方，约以15度角由上而下、由粗而细撒上。

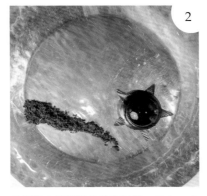

2

于巧克力蛋糕粉线条的尾端，放上一片星星巧克力片垫底，再叠上巧克力慕斯球。

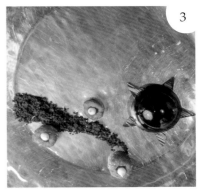

3

于巧克力蛋糕粉线条旁上下交错放上三颗覆盆子，再将蛋白霜填入覆盆子上方的洞口。

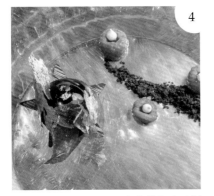

4

将覆盆子糖片粘黏于巧克力慕斯球外侧的半边，并于顶端缀上金箔。

5

分别挖覆盆子沙贝和巧克力沙贝成橄榄球状，放在巧克力蛋糕粉线条的两端，再于覆盆子沙贝表面点缀小颗蛋白霜、马鞭草。最后在盘右下空白处摆放并排的切片草莓，并放上数片玫瑰花瓣装饰。

层次繁复而不杂乱的红白圆舞曲

白色深盘、红桃酱汁与白巧克力慕斯形成有层次的同心圆，红与白的交互辉映也使作为主角的慕斯更为优雅出色。掺盐的杏仁脆饼碎可中和白巧克力的甜，也是再次加强同心圆效果的镶饰。宛如玻璃纸般亮泽的透明拉糖则可向上延伸视觉，却不会抢夺慕斯主体之美。拉糖上的夏董只需略做点缀，呼应深盘中的红桃色调，若摆上整朵夏董，反而会因太过显眼而转移摆盘焦点。

● WUnique Pâtisserie 无二烘焙坊 ｜ 吴宗刚 主厨

■ Plate
器 皿

深圆盘

小巧的土耳其 Trinice Bone China Pera Bulvari 圆形
深盘，适于盛装有酱汁、汤汁的餐点，能简单集中食
材，并彰显优雅品味。

■ Ingredients
材 料

A 拉糖
B 巧克力碗
C 慕斯
D 夏堇
E 红桃酱
F 杏仁脆饼碎

■ Step by step
步 骤

1

于深盘中用挤罐挤入红桃酱汁，再手捧
盘身两侧，以圆圈状轻轻滚动，使酱汁
流淌均匀成为平滑的大圆。

2

以虹吸瓶 (syphon) 将慕斯挤入巧克力
碗中，再抓取掺盐的杏仁脆饼碎，沿慕
斯周边轻轻裹上一圈作为镶饰。

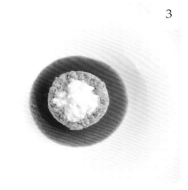

3

将步骤 2 完成的巧克力碗置于深盘正中
央。

4

捏取薄拉糖，竖立于慕斯顶端。

5

撕取少许夏堇，散置于拉糖上略做点
缀。

麻布上的春天
对称构图与粗糙质地展现乡村朴实

将质朴、带甜味的紫色地瓜泥在方盘对角线上刮成长条，突显盘面的纹路，让焦点集中，在色彩上形成强烈的对比，再用杏仁饼干屑衬起主角之白巧克力慕斯，四周以分子料理手法做成的甜菜根轻云来点缀，烘托中央同一颜色的草莓冰淇淋，而延伸视觉的巧克力棍则和紫地瓜泥的色彩相呼应。盘中缀有几簇高级的冰花，颜色轻盈而富绿意，整盘色彩调和而环环相扣，运用对称构图布出地中海的清甜风格。

维多利亚酒店 | Marco Lotito Chef

器皿

白色麻纹正方盘

盘面有着如麻布一般的纹路，再加上浅浅的米色，予人温暖、朴实之感，搭配可爱、俏皮的粉、紫、绿色以及蓝白条纹巧克力棍，呼应白巧克力慕斯的方形，并在质地上相互对比。

■ Ingredients

材料

- **A** 甜菜根轻云
- **B** 巧克力棍
- **C** 白巧克力慕斯
- **D** 紫地瓜泥
- **E** 冰花
- **F** 杏仁饼干屑
- **G** 草莓冰淇淋

■ Step by step

步骤

1

舀一匙紫地瓜泥至正方盘右下角，用三角刮板往左上方来回刮成平均分布的长条。

2

将杏仁饼干屑舀至紫地瓜泥长条中央。

3

白巧克力慕斯置于杏仁饼干屑上。

4

将甜菜根轻云撕成四小块，分别置于白巧克力慕斯的上下左右四周。

5

将四小株冰花分别放在紫地瓜泥的两端和甜菜根轻云之间。

6

挖草莓冰淇淋成球置于白巧克力慕斯上，再将巧克力棍斜放在冰淇淋上。

大盘打造时尚
自然随兴的莓红魅力

红醋栗、珍珠糖片、黑醋栗果酱三种莓红色的食材，搭配白色大盘，加上随兴不造作的画盘与装饰，让整体充满年轻优雅的时尚感。不同于正红、酒红色的经典成熟，而是选用单一主色——莓红，提升明亮度，视觉显得更有活力，散发甜美内敛的气质，再配上珍珠细粒、马斯卡彭鲜奶油和主体白起司慕斯，三者不同大小的白色圆体，清新淡色系被衬得越发白皙。散落的红醋栗果实、不规则糖片、由粗渐细的黑醋栗果酱线条，直剖中线，自然魅力让人第一眼就有好感。

●台北君品酒店——王哲廷 点心房主厨

器皿

12 英寸大边平盘

12 英寸（直径约 30cm）的大盘，简单干净，可以充分留白营造时尚感，而宽大的盘缘相对盘面较小可以聚焦主体，衬托主色明亮甜美的气质。

材料

A 珍珠细粒
B 白起司慕斯
C 珍珠糖片
D 黑醋栗果酱
E 红醋栗
F 马斯卡彭鲜奶油

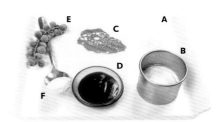

步骤

1

黑醋栗果酱随兴涂在盘子中间呈数条直线，再利用抹刀前后抹开，做出自然的线条。

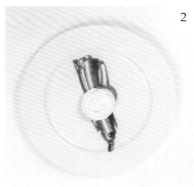

2

白起司慕斯放在盘子正中间。

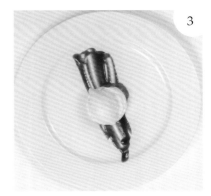

3

以汤匙挖马斯卡彭鲜奶油成橄榄球状，斜摆在白起司慕斯上。

4

取一串红醋栗斜铺在白起司左下角至碰到盘子，延伸视觉。黑醋栗果酱的上下两侧也随意摆几颗红醋栗果实，作为呼应。

5

珍珠细粒分别撒在黑醋栗果酱上下两侧。

6

取适当大小的珍珠糖片，插在红醋栗串前及马斯卡彭鲜奶油上面。

● Nakano 甜点沙龙 — 郭雨函 主厨

波普趣味
如积木般的几何堆叠

波普精神的元素，抢眼色彩如桃红、苹果绿、黄色，再加上几何方、圆和三角线条重复、交错堆叠而成的活泼气息，此道甜点将原来大块的蛋糕解构为方形小块，以圆形为基底，对比的红绿双色蛋糕如积木一般重组，高高低低圆形马卡龙以及最高顶点放上切成角状的草莓，增加立体感。最后以卷曲的金丝线装饰延伸视觉，让整体线条柔美，而缀上的桔梗花瓣则能平衡前方的空缺，呼应莱姆葡萄马卡龙的色彩。

器 皿

羽毛圆盘

圆与方交错运用，可创造摆盘丰富度。因食材造型以方块为主，颜色对比缤纷，因此选用简约白净的泰国 Royal Porcelain MAXADURA 圆盘。

材料

A	天使乳酪
B	抹茶慕斯
C	金丝线
D	草莓
E	百香果酱
F	覆盆子果酱
G	鲜奶油
H	柠檬马卡龙
I	莱姆葡萄马卡龙
J	桔梗

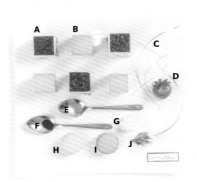

步 骤

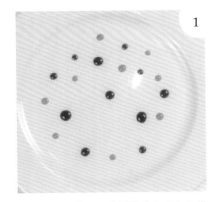

1

将覆盆子果酱、百香果酱或大或小交错挤在盘子内。

2

先将抹茶慕斯和天使乳酪切成方形小块。两块抹茶慕斯及一块天使乳酪，以弧状横放盘子中间，再将一块天使乳酪，交错叠放在中间的抹茶慕斯上。

3

为固定装饰食材，将鲜奶油以星形花嘴挤花袋，在三块蛋糕表面各挤一小球。

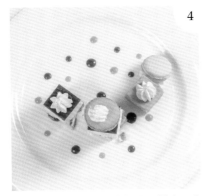

4

莱姆葡萄马卡龙粘在中间的蛋糕上，表面再挤一小球鲜奶油；柠檬马卡龙斜靠在一侧的抹茶慕斯面前。

5

草莓带叶切成四瓣，中间带白色的部分朝上，粘在各蛋糕塔上。

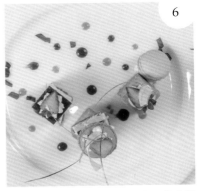

6

卷曲的金丝线随兴插在蛋糕上，拉高视觉。最后将撕碎的桔梗花瓣轻撒在盘上。

Honey Lavender
Mousse with Rose Sauce
蜂蜜薰衣草慕斯佐香甜玫瑰酱汁

● 寒舍艾丽酒店 — 林照富 点心房副主厨

奶泡打造梦幻氛围
浪漫真挚的爱情誓言

情人节的限定甜点 —— 蜂蜜薰衣草慕斯佐香甜玫瑰酱汁，特别做成粉红色、爱心形状的蜂蜜薰衣草慕斯，淋上香甜玫瑰酱汁，以草莓块向上堆高突显主体，搭配浪漫的玫瑰花瓣，再加上打发的奶泡，营造情人之间粉红泡泡般的甜蜜梦幻氛围，绵延成圈、浓情蜜意。

器皿

白色圆平盘

素雅的白色圆盘简洁、大方，大盘面能有大量的留白
演绎空间感，而无盘缘的平盘适合画盘，能清楚展演
甜点的样貌，予人时尚感。

材料

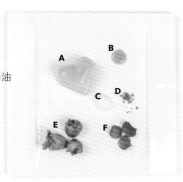

A 蜂蜜薰衣草慕斯

B 香甜玫瑰酱汁

C 打发的蜂蜜牛奶鲜奶油

D 开心果碎

E 草莓

F 玫瑰花瓣

步骤

1

将蜂蜜薰衣草慕斯放在架子上，再将香
甜玫瑰酱汁均匀淋上。

2

将香甜玫瑰酱汁与草莓块搅拌后，平铺
于盘中心，大小约比蜂蜜薰衣草慕斯大
上一圈。

3

将蜂蜜薰衣草慕斯放在草莓块上。

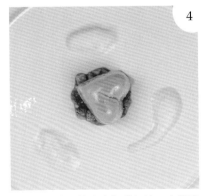

4

汤匙舀打发的蜂蜜牛奶鲜奶油，在蜂蜜
薰衣草慕斯外圈约以三角形构图、顺着
盘子的圆弧刮画上弧形。

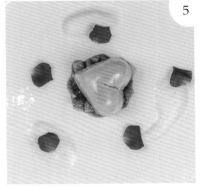

5

沿着蜂蜜牛奶鲜奶油的圆弧圈，平均间
隔缀上五片玫瑰花瓣。

6

将开心果碎铺满蜂蜜牛奶鲜奶油圆弧线
间的空隙。

宁静奥妙的森林小宇宙

以森林系为主轴发想的甜点摆盘。圆瓷盘优美的钴蓝带出神秘却又令人心神宁静的气质，慕斯表面以蛋白饼与咖啡豆、迷迭香等植物元素加以装饰，放射状造型宛如丛林，也呼应慕斯口味。整体外观繁复却难以一眼看透本体，蓝、白、绿的色调则展现森林调的深邃清新，成功诠释一方掩映有致、深藏不露的小宇宙。建议器皿挑选不要过大，并以深色为宜，使慕斯主体成为视觉中心。

● WUnique Pâtisserie 无二烘焙坊 ─ 吴宗刚 主厨

器皿

钴蓝圆瓷盘

美丽的比利时 Pure Pascale Naessens‐Serax 圆瓷盘，天蓝、钴蓝、普鲁士蓝的渐层纹理令人惊艳，本身即如抢眼的艺术品，深色的盘缘成不规则状，有着手工朴实的沉稳气息。

材料

- **A** 蛋白饼
- **B** 咖啡豆
- **C** 迷迭香
- **D** 柠檬咖啡慕斯
- **E** 柠檬皮屑

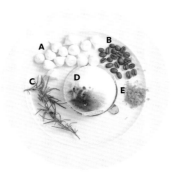

步骤

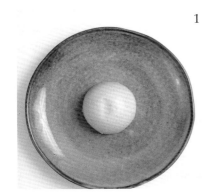

1

以抹刀将柠檬咖啡慕斯盛放于盘面正中央。

2

于慕斯表面轻轻粘上蛋白饼，直到完全覆盖慕斯表面为止。

3

于蛋白饼间粘上咖啡豆，再轻轻插入数丛迷迭香，使慕斯外观更丰富无空隙。

4

以刨刀削取适量柠檬皮屑，均匀、自然地撒于慕斯表面。

提示：慕斯本身具有黏性，可粘附其他食材，事前需冷藏。

Yellow Lemon | Andrea Bonaffini Chef

深色褐盘映照花果艳色
暗丛里的春日光景

以沉稳、有质感的双褐色深盘，盛装草莓为主题的甜点。因食材繁复而零碎，为避免视线分散，将食材聚集在盘中凹槽，彼此紧密穿插、堆叠。草莓蛋白脆饼藏在最底部以味觉呼应主题，意式奶冻则填满凹槽收拢为基座，再以草莓果酱作为黏着剂，上面摆上不规则形的绿色开心果微波海绵蛋糕、黄色蜂巢脆片、各色三色堇，仿造春日光景的色与形，让艳红的草莓优格慕斯仿佛从草丛中慢慢探出头来，创造出生机无限之茂美。

器 皿

褐色深盘

宫崎食器 M-Style 大盘缘的双色深盘，雾面与光面、浅褐与深咖啡色的接合，沉稳而有质感，深色盘面适合衬托明亮色系的食材，使红者愈红、绿者愈绿、白者更明。将主角放在盘子的凹槽中，双色渐层以向下聚焦。

材料

A 草莓蛋白脆饼　　D 草莓优格慕斯　　G 意式奶冻
B 草莓果酱　　　　E 三色堇　　　　　　(Panna Cotta)
C 蜂巢脆片　　　　F 开心果微波海绵蛋糕

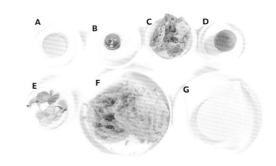

步 骤

1

将草莓蛋白脆饼捏碎，放在盘子凹槽中央。

2

意式奶冻水平盖在草莓蛋白脆饼上。

3

用挤罐将草莓果酱在意式奶冻上挤成大小不一的水滴状。

4

撕一些开心果微波海绵蛋糕放在意式奶冻上。

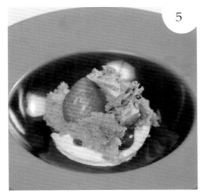

5

草莓优格慕斯倒立放在开心果微波海绵蛋糕左边，两片蜂巢脆片则搭在开心果微波海绵蛋糕右边。

6

用镊子将各色三色堇均匀地前后左右缀饰在海绵蛋糕上。

台北君悦酒店 | Julien Perrinet Chef

凡尔赛皇后
纸醉金迷的粉红圆舞曲

发想自最爱甜食的法国末代皇后玛丽·安东尼(Marie Antoinette)喜爱的传统甜点——野莓宝盒，以及其经典皇冠造型，结合台湾女性最喜欢的梦幻粉色，以草莓、覆盆子、草莓慕斯、覆盆子海绵蛋糕、草莓巧克力球等粉红色系食材，呈现传统甜点的多层次风味。从盘缘上的圆点、果冻的圆、巧克力球的圆，到莓果、棉花糖的圆，大大小小围绕，穿插色泽闪烁的拉糖，以及精致皇冠覆上梦幻、易逝的棉花糖，撒上一片片金箔，将整道甜点推向奢华，一圈一圈让人迷失。

器皿

材料

A 金箔
B 拉糖
C 草莓冻
D 覆盆子
E 棉花糖
F 蓝莓
G 草莓块
H 蛋白饼
I 开心果
J 草莓慕斯
K 草莓巧克力球
L 覆盆子海绵蛋糕

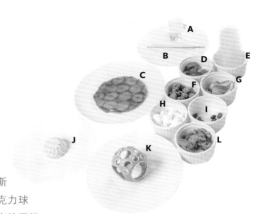

螺纹大圆盘

螺旋纹带领视线一圈圈向内聚焦、创造舞动的感觉，搭配缀上主厨在盘缘以圆刷蘸食用粉末绘制的红、绿小圆点，呈现出色彩斑斓的精致华美。而大盘面也呈现出雍容大气之感。

步骤

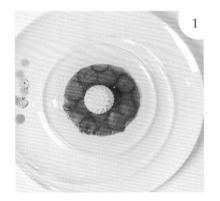

1

将草莓冻置于圆盘中心，再将草莓慕斯置于草莓冻中央。

2

避免破坏花纹、结构繁复且脆弱的草莓巧克力球，以竹签将其提起置于草莓慕斯上。两者宽度需设计为相吻合。

3

将五个切成1/4角状的新鲜草莓，平均间隔地立在草莓冻周围作为定位，然后在每一块草莓旁依序各放上一颗蓝莓、一个对半切的覆盆子。覆盆子切面要朝上。

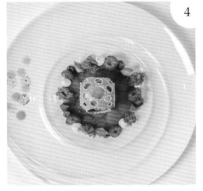

4

水滴状蛋白饼、撕成小块的覆盆子海绵蛋糕，依序放在覆盆子旁；对半分开的开心果点缀在每一小块覆盆子海绵蛋糕上。

5

三根拉糖以不同角度斜斜、交错插在草莓巧克力球的孔洞中。注意不要插入最顶端的洞，避免下一步骤的棉花糖不易摆放。

6

长条状的棉花糖放在草莓巧克力球顶端的孔洞里，再将金箔小小地、分散地缀饰于其上。

提示 棉花糖易融化，所以摆盘顺序放最后。

White Chocolate and
Mango Mousse
白巧克力芒果慕斯

黑盘打造时尚感
璀璨缤纷的夜光花园

香甜柔软的白巧克力芒果慕斯适合搭配微酸的水果相互调和味觉，并以时尚花园为概念发想，采用带金色杂点的黑盘，大面积长方形有如整片星空，摆上色彩各异的花果圈，就像将背景的灯光关暗，发出荧光，打造都市里的时尚夜花园。

寒舍艾丽酒店 — 林照富 点心房副主厨

器皿

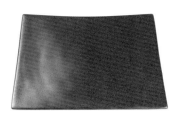

黑色长盘

带有金色杂点的黑盘，质地光滑再加上长方形状，予人时尚、前卫的感觉，适合衬托明亮色系的食材。而其材质与重量厚实，两侧微微翘起，稳重地烘托着缤纷璀璨的花果圈，如同在夜空中发光。

材料

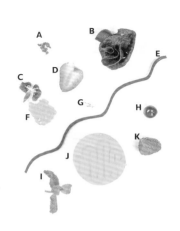

A 开心果
B 紫罗兰饼干
C 三色堇
D 草莓块
E 造型巧克力
F 糖煮西米露
G 金箔
H 樱桃
I 薄荷叶
J 白巧克力芒果慕斯
K 覆盆子

步骤

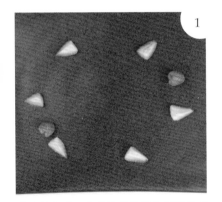

将六块切成四等份的草莓平均间隔排成圆形，再将两颗覆盆子以对角线放在草莓与草莓之间的空隙中。

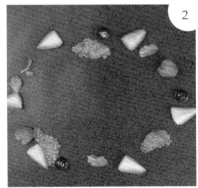

将樱桃、糖煮西米露和薄荷叶平均放在草莓与草莓之间的空隙中，排满成一个圆。

将白巧克力芒果慕斯放在盘子中央。

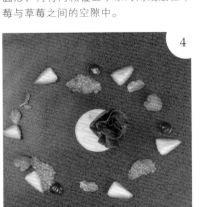

慕斯顶端一角放上紫罗兰饼干。

造型巧克力斜靠着白巧克力芒果慕斯和紫罗兰饼干，相交位置点缀金箔，再将些许开心果撒在慕斯上，最后将三色堇缀于薄荷叶上。

台北喜来登大饭店安东厅｜许汉家 主厨

如流星划破黑夜的明亮冲击

略带粗犷质感的炭黑方岩盘，将芒果慕斯与各色水果的
明艳色彩衬托得强烈夺目，使人目光难以移转。以圆柱
状慕斯主体、水果球、蛋白霜饼与薄荷叶等营造形色变
化，因配料小巧，即使用料缤纷也不至于遮盖慕斯主体
的风采。芒果冰淇淋则呼应芒果慕斯主体，呈现分量感
与活泼个性。

器 皿

长方形石板

黑长方石板，可带出芒果、草莓、奇异果等果物的鲜丽色泽，也可与食材的圆柱体、圆球体造型做出区隔变化。

■ Ingredients

材 料

A 巧克力土壤 　　D 芒果冰淇淋与饼干粉

B 水果丁、球 　　E 芒果酱

C 芒果慕斯 　　　F 蛋白霜饼

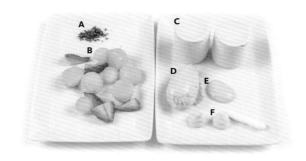

■ Step by step

步 骤

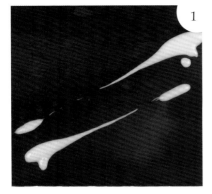

1

以汤匙蘸取芒果酱，于盘面一角往对角线拉出前粗后细的直线，再取适当距离，于直线下方平行拉出一道直线，完成两道如彗星尾巴、具延伸性的画盘。

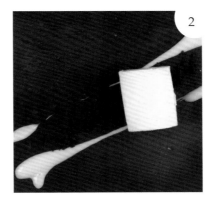

2

于两条芒果酱画盘间洒上巧克力土壤，再将芒果慕斯水平摆放。

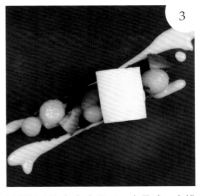

3

以镊子夹取各色水果丁、水果球，交错摆满画盘间的空隙，形成缤纷的水果带。

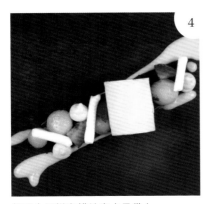

4

将蛋白霜饼交错放在水果带上。

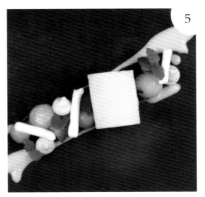

5

于水果带两侧散置数片薄荷叶。

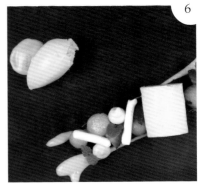

6

于盘面另一角落洒上饼干粉，放上挖成橄榄球状的芒果冰淇淋，淋上少许芒果酱。

双色舞动花圈烘托单色球体
快乐的单人舞

裹上椰子粉的慕斯与盘子色彩相近，为避免被抢去风采，透过堆高、配件点缀和多层聚焦，与光滑白盘做出质地上的对比，予以存在感。运用简单的聚焦法，从圆心向外做一圈画盘，刮出如蝌蚪状、粗细不一的线条，营造活泼、跳动的氛围。白、黄、紫三色相互交错、圆与圆向内转动，即是一支快乐的单人舞。

香格里拉台北远东国际大饭店 — 董锦婷 甜点主厨

器皿

浅灰刷纹大圆盘

简单的日本 Narumi Bone China Meteor 大圆弧盘时
尚大方，盘缘刷上一圈由粗到细的浅灰色线条，简单
为大面积的白色增添画面的丰富与速度感，让视觉沿
着线条滑动聚焦至中心。又因盘子上已有线条，画盘
便以简单双色呈现，避免造成杂乱。

材料

A 镜面果胶
B 芒果酱
C 杏仁樱桃香草棒
D 黑醋栗
E 黑醋栗慕斯
F 椰子粉
G 杏仁角、粗椰子丝
H 杏仁蛋白饼
I 黑醋栗酱
J 卡士达酱（图中未显示）

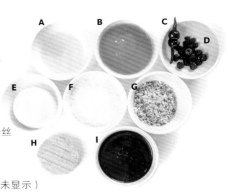

步骤

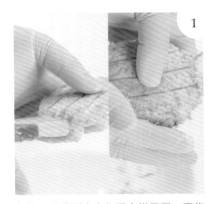

1

把镜面果胶刷在杏仁蛋白饼周围，再将
杏仁角跟粗椰子丝粘一圈在杏仁蛋白饼
周围。

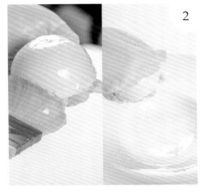

2

用刷子把镜面果胶刷在黑醋栗慕斯上，
并裹上椰子粉。

3

将杏仁蛋白饼放在盘中央，以卡士达酱
挤在杏仁蛋白饼中央作为黏着剂，再用
抹刀将黑醋栗慕斯放置在杏仁蛋白饼上
方。

4

杏仁樱桃香草棒插在黑醋栗慕斯中央。
再将芒果酱、黑醋栗酱交错在慕斯周围
滴成一圈。

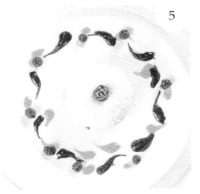

5

用汤匙尖将芒果酱、黑醋栗酱一左一右
刮成蝌蚪状。最后将黑醋栗放在芒果酱
上。

多线共构平衡画面
沿着波面前进的清新跃动

来自青苹果的发想，以青苹果冻为果皮，慕斯为果肉，用不同的口感来表现，包覆的青苹果冻呈斜断面，展现多层次立体感。以焦糖酱和巧克力酱两者深色线条为底延伸视觉，与主体青苹果慕斯共构出中心焦点，随着波盘带出跃动感和节奏感，再搭配饼干中和青苹果的酸味，缀以强烈对比色的靛蓝色、黄色鲜花，表现出生机盎然的清新气息。

器 皿

材 料

A　食用花
B　焦糖酱
C　饼干块
D　杏仁果
E　开心果碎
F　青苹果条
G　巧克力酱
H　青苹果慕斯
（图中未显示）

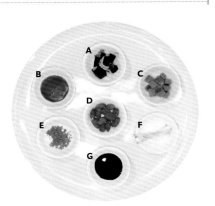

不规则圆盘

盘面呈现不规则如波浪般的流线弧度，可以透过其本身线条向内聚集的特性，让视线沿着走向中心，使得其余装饰虽分散于盘面却不显凌乱。而白色光面质地也赋予甜点清新的氛围。

步 骤

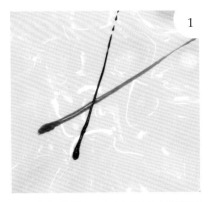

用汤匙由粗到细、由左下到右上将焦糖酱与巧克力酱画出交叉线条，交叉点落在盘子正中央。

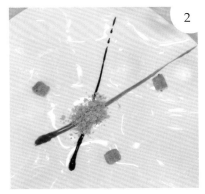

焦糖酱与巧克力酱线条的交叉点撒上一些饼干屑，并以此为中心，以三角形构图放上三块饼干。

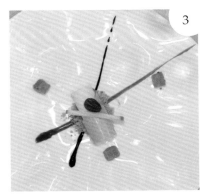

在饼干屑上由左上到右下放上青苹果慕斯，再横放上一根青苹果条和一颗杏仁果。

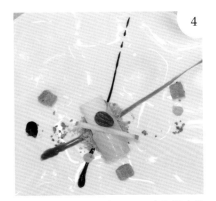

由左至右横撒上些许开心果碎和撕碎的食用花。

花朵都为它欢呼
托高、点缀、镶入配件让小点为王

主体芒果慕斯球体积小，若要展现亮丽、大气的感觉，便要透过堆高、点缀增加存在感，因此选择在气势十足的大汤盘里放入芒果奶酪，米色彩度低与白盘相近，适合衬高芒果慕斯球，也不会吃掉它的彩度，然后再搭上糖网，缀以薄荷叶，强化其分量，增加亮点。最后在盘缘上以小雏菊的黄为底，呼应芒果的鲜黄，再穿插桃红、深紫色的三色堇，以及薄荷叶和小巧可爱的红醋栗，围成一圈缤纷的花园，聚焦整体视觉，完美地烘托中间的芒果慕斯，让花朵都为它欢呼。

香格里拉台北远东国际大饭店 — 董锦婷 甜点主厨

器皿

圆汤盘

日本 Fine Bone China Nicco 汤盘的高度高，适合盛装有汤汁、体积较大的圆形料理，否则则容易被其深度吃掉或者与立体弧线相碰撞。宽大的盘缘与简洁的弧形，有足够的空间自由调度，或是画盘或是留白，可以展现优雅大气的感觉。

材料

A	红醋栗	**E**	小雏菊
B	糖网	**F**	三色瑾
C	芒果奶酪	**G**	薄荷叶
D	芒果慕斯球	**H**	葡萄糖浆（图中未显示）

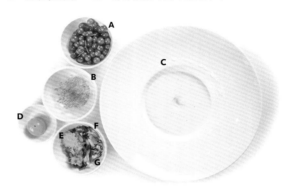

步骤

1

用球形匙将已做好的奶酪中间挖一个洞。

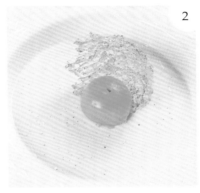

2

用刀将芒果慕斯球放入洞中，接着把糖网斜插它后面。在芒果慕斯球中间戳出一个洞以插入薄荷叶。

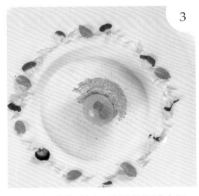

3

夹两小瓣薄荷叶插入芒果慕斯球中间。在盘缘抹上一圈葡萄糖浆后，先以镊子将小雏菊一瓣瓣夹起粘成一圈为底，再依序将两种颜色的三色瑾和薄荷叶交错排满一圈。

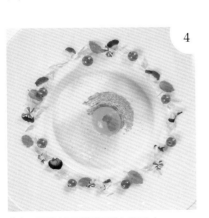

4

将红醋栗以相同间隔摆在花圈中。

Caramel Peach Mousse
with Cointreau Sauce
焦糖桃子慕斯佐柑橘酱

大方高雅玫瑰花慕斯
献给母亲的美丽节日

母亲节限定甜点，以玫瑰荔枝馅做成玫瑰花造型，象征母亲是孩子心目中最美丽的女人。整体盘饰紧扣主题，以简单大方的圆盘，置主体于正中央，缀以精致小巧的露水，并运用三角形构图将薄荷叶和宝石般的红醋栗围绕以稳定画面，浅红色调与黄底两者暖色系色彩，予人温暖、舒服的视觉感受。

寒舍艾丽酒店 — 林照富 点心房副主厨

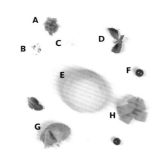

白色大圆盘

素雅的白色平盘简洁、大方，大盘面能有大量的留白
演绎空间感，与祝福母亲节的高雅氛围气质相衬。

A	桃红巧克力粉
B	银箔
C	镜面果胶
D	薄荷叶
E	白桃慕斯
F	红醋栗
G	玫瑰荔枝馅
H	水蜜桃果肉

■ Step by step
步 骤

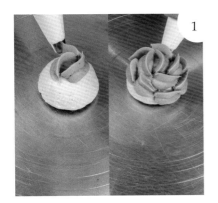

1

将白桃慕斯放在转台上，用花瓣花嘴挤
花袋将玫瑰荔枝馅由内而外一圈一圈做
成玫瑰花造型。

2

以手指轻敲筛网均匀于玫瑰荔枝馅上撒
上桃红巧克力粉。

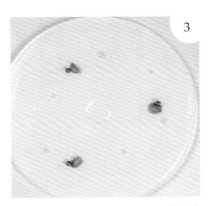

3

于盘中约 1/3 宽的外圈以等距挤出六滴
镜面果胶。以镜面果胶的圆为基础，以
三角形构图依序放上薄荷叶和红醋栗。

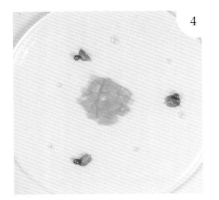

4

将水蜜桃果肉置于盘中心，圆面积约比
白桃慕斯大一圈。

5

用抹刀将步骤 2 完成的玫瑰花白桃慕斯
放在水蜜桃果肉上。

6

于白桃慕斯上点缀数滴镜面果胶，做出
露珠的效果，再点上银箔。

提示：玫瑰花造型慕斯的上色法，一般营业
使用喷枪操作，快速而均匀。此处示范以筛
网洒粉的方式呈现，简易快速，技巧、使用
工具皆简单。

大片留白年轻时尚
恣意随兴的粉红波浪

甜蜜的粉色是女孩们的最爱，因此结合水蜜桃、水蜜桃慕斯、水蜜桃冰淇淋、覆盆子饼干屑、覆盆子饼和棉花糖等香甜的粉红食材与缤纷花草作为主要元素，期望带给女孩们最大的视觉、味觉喜悦。选用盘缘外翻的圆凹盘，在盘子三分之一处，以粉红巧克力随兴甩画成视觉主轴，直至盘缘与粗细不一的线条，破格创造不拘的时尚感，并以此长线加上齐整波浪的棉花糖，左右交错带出稳定的律动节奏，跳脱传统以圆形为主的摆盘方式。

台北君悦酒店 | Julien Perrinet Chef

内凹白圆盘

泰国 BARALEE 盘的盘缘向外微倾，盘面向内下凹如
飞碟状，起伏的样子与长条状的棉花糖和画盘结合，
让画面更有律动感，而其具些许高度，也能托高主
体，使甜点更加立体。

A	水蜜桃块
B	蛋白饼
C	水蜜桃冰淇淋
D	爆米花
E	粉红巧克力酱
F	棉花糖
G	水蜜桃慕斯
H	覆盆子饼干屑
I	粉红巧克力
J	水蜜桃镜面果胶
K	覆盆子饼
L	柠檬草
M	食用花

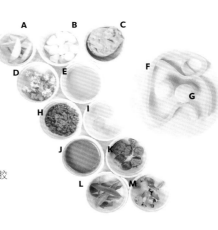

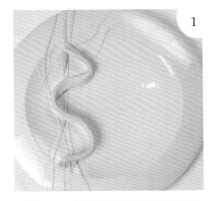

1

把粉红巧克力酱用汤匙随兴甩在盘子三
分之一处。棉花糖切成适当长度，小心
捏着以波浪状放在粉红巧克力酱的线条
上。

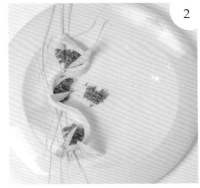

2

将覆盆子饼干屑洒在盘中心及棉花糖弯
曲处，四块切成角状的水蜜桃同样立在
棉花糖弯曲处。

3

将爆米花、蛋白饼和覆盆子饼交错放在
覆盆子饼干屑上。蛋白饼以倒插的方式
摆放。

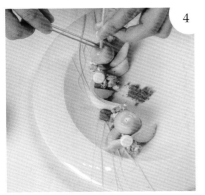

4

用竹签将两个水蜜桃慕斯浸入水蜜桃镜
面果胶后，置于棉花糖的弯曲处。

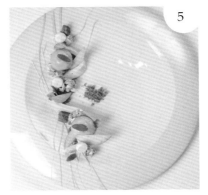

5

将柠檬草和食用花花瓣交错缀饰在棉花
糖及水蜜桃慕斯上。柠檬草放在水蜜桃
慕斯顶端可以遮住前一步骤以竹签插入
产生的洞，把小缺点藏起来。

6

将粉红巧克力斜插入前面的水蜜桃慕斯
后，将水蜜桃冰淇淋置于盘中央的覆盆
子饼干屑上。

初夏鸟鸣的清幽
以高低落差带出层次感与聚焦

芒果、百香果、椰子等口味清爽的新鲜水果做成芒果酱、芒果丁、百香果酱、杏仁椰子慕斯、椰子棉花糖，并搭上杏仁奶油饼及杏仁奶油酥饼这两种口味讨喜的小饼干，精致小巧。透过层层叠放的摆盘方式，将主体托至玻璃凹形容器顶端，而摆放在光洁的大白圆盘中，让视线沿着倾斜外翻的大盘缘，借以高低落差呈现不同的视觉焦点。色彩上以明度高的芒果、百香果的橘黄色彩为主，给人夏天灿烂的感觉，加上柔软亮丽的金、粉、紫，带出优雅。

台北君悦酒店｜Julien Perrinet Chef

器皿

倾斜外翻深盘、玻璃凹形容器

盘缘大面积外翻，弧度优雅，如女王的立领，而右上角缀事先用黄色食用粉点画的圆点花纹，与芒果色彩呼应，则像领子上的别针、坠饰。结合玻璃凹形容器，让视线沿着弧线向下，透明地展露出圆柱状玻璃下扣住的金环和蓝紫色的花，呈现清雅高贵的气质。

材料

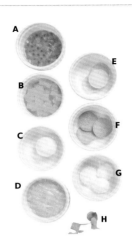

A　百香果酱

B　芒果丁

C　杏仁椰子慕斯

D　芒果酱

E　杏仁奶油酥饼

F　杏仁奶油饼

G　椰子棉花糖

H　食用花

步骤

1

将椰子棉花糖放在盘子左下缘。再用挤花袋将芒果酱挤一个圆到玻璃容器中央凹槽中。

2

轻轻用手将杏仁奶油饼按压在芒果酱上；再挤一些芒果酱在杏仁奶油饼上。

3

用木签插起杏仁椰子慕斯置于芒果酱上。

4

芒果丁一颗一颗绕着杏仁椰子慕斯旁摆两层。

5

于芒果丁上淋一些百香果酱。

6

将杏仁奶油酥饼放在杏仁椰子慕斯上，再放上椰子棉花糖。最后取一朵完整的食用花，小心翼翼地插在椰子棉花糖正中间。

Plated Dessert

TART PIE

塔 派

强烈线条勾勒东方气息
恬淡色彩染出忧郁

以大陆画家常玉的作品为构思，融合法式浪漫与东方人文气息，形式简约而色彩恬淡，通过富强烈性格的线条勾勒出主题，再堆上细腻的层次与不拘的色块，化作孤傲。因此以线条画盘为主轴，波特酒酱与巧克力酱一气呵成，刮出恣意、多角与卷曲的长线以聚焦，手掰巧克力片则营造浑然天成的自然气息，清清淡淡的蔓越莓粉提亮色彩，法式甜点巧克力塔便染上一抹忧郁的气质。

器 皿

双色圆盘

双色圆盘，浅褐与米白，呼应巧克力的深褐色及常玉
作品中的浅淡色调，大小区块接合隐隐带出色阶层
次，丰富简单的盘饰布局，而浅色也能形成对比，突
显深色主体。

材料

A 巧克力泡沫

B 波特（Porto）酒酱

C 巧克力酱

D 巧克力塔

E 蜂蜜巧克力冰淇淋

F 蛋白饼

G 蔓越莓粉

H 巧克力片

步 骤

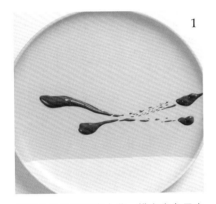

1

用圆头汤匙蘸巧克力酱，横向在盘子中
间刮画出两条粗细不一的点状线条。

2

以尖汤匙蘸波特酒酱，在巧克力酱上以
匙尖刮画出多角、卷曲而有力量的细
线。

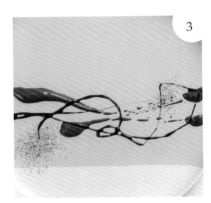

3

在巧克力酱与波特酒酱的线条右上和左
下，轻敲筛网撒上蔓越莓粉。

4

于两画盘线条的中间偏右上方摆上巧克
力塔，并放上或完整或捏碎的蛋白饼。

5

将整片巧克力掰成两半，分别前低后高
斜斜放在巧克力塔上。

6

用汤匙挖蜂蜜巧克力冰淇淋成橄榄球
状，放在巧克力塔左下斜对角的位置，
平衡重心。巧克力泡沫淋在冰淇淋上，
增加味道与层次，并减缓冰淇淋融化的
速度。

黑与金
甜美的流线与破坏

巧克力塔本身造型高雅甜美，采用较具冲击感的
对比手法映衬主体。选用具褐色系圆点水流造型
的圆盘，点出巧克力主题，水流延展的流线感则
为构图凭添几分活泼与个性。而盘面上宛如星芒
的巧克力酱刷纹，可使整体风格更具强烈有力的
破坏感。最后，交错摆放的透明糖片则又回归了
巧克力塔本身的甜美，同时丰富了视觉立体度与
口感。

● WUnique Pâtisserie 无二烘焙坊 ｜ 吴宗刚 主厨

WUNIQUE
PÂTISSERIE

器皿

水滴纹圆盘

素净的法国 Legle - Procelaine de Limoges - France 圆盘两侧错落的褐色系圆点，汇集如水流，单看则如飞溅的水滴，予人简洁中蕴含动态的个性美。

材料

A 糖片
B 巧克力塔
C 巧克力酱
D 金箔

步骤

1

以刷子蘸取巧克力酱，以盘面角落某一点为圆心，轻刷六笔画盘。巧克力刷纹一来可固定即将放置的巧克力塔，二来可延伸盘面视觉。

2

于巧克力酱圆心空白处摆上巧克力塔。

3

折取糖片插于巧克力塔表层的水滴状巧克力馅之间，一前一后以不同角度交错摆放。

4

以刀尖于糖片上点上金箔。

提示：1. 巧克力酱不能太稀，否则画盘会缺乏线条感，建议制作温度控制在 35~40℃间为宜。2. 注意糖片的大小比例、前后高低，糖片的甜脆口感及透明色泽可与巧克力形成对比。

拆解小塔自然散落 园艺师的栽种乐趣

将整块百香果生巧克力塔分切为四块，使用如长条盆栽造型的白色长方平盘，蛋糕粉与巧克力饼干屑为土壤，小塔或躺或站角度各异，再插上各色不规则片状延伸高度：厚片芝麻蛋白霜饼、木纹巧克力片和透明气泡状玫瑰糖片，以及小巧的葵花苗和百香果奶油馅，层层堆叠又四处散落，小物件一一组合搭配，以及简单大地色系，仿佛园艺师初种的植物，有旺盛生命力的生长姿态。

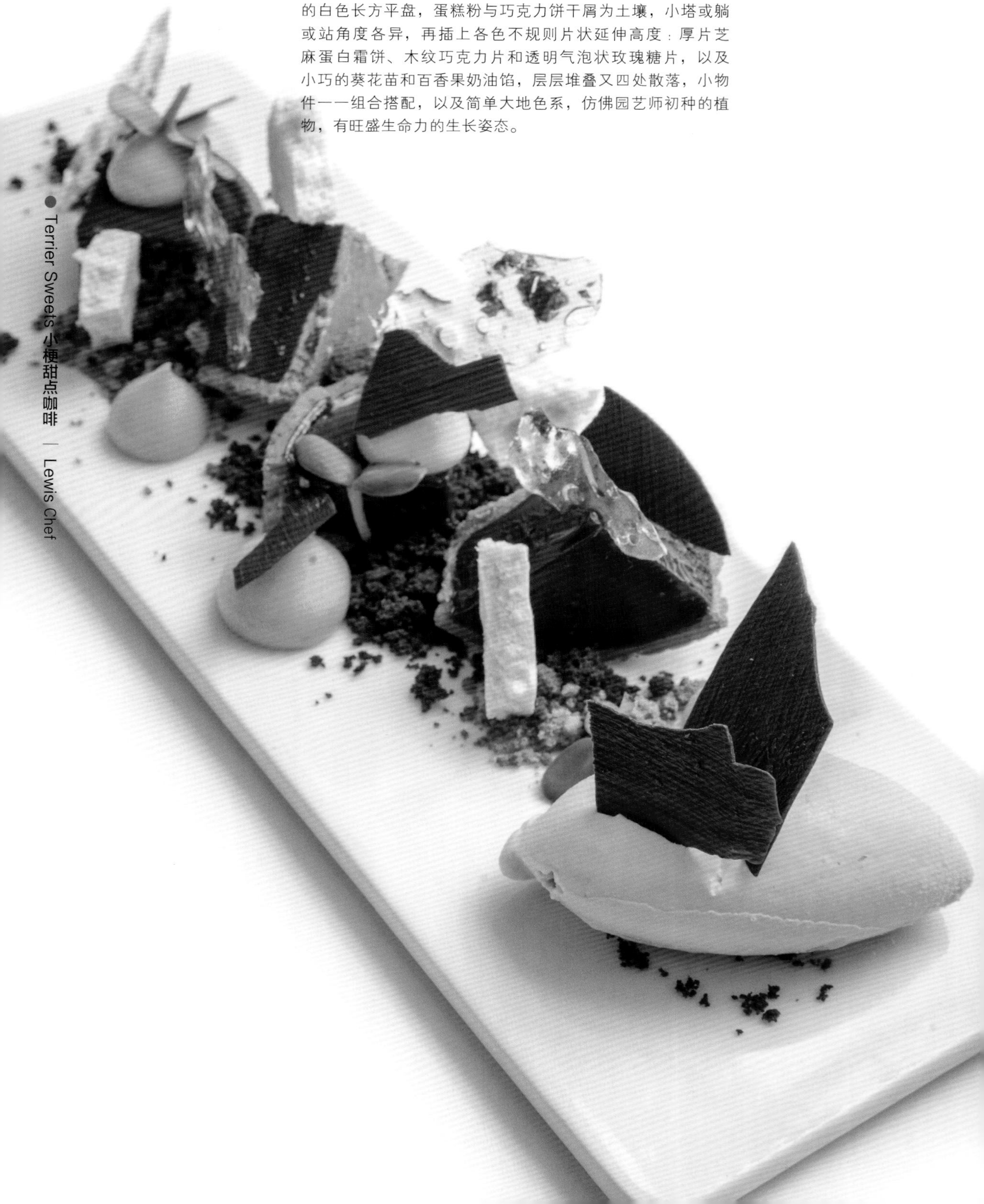

● Terrier Sweets 小梗甜点咖啡 | Lewis Chef

器皿

材料

A 百香果生巧克力塔
B 芝麻蛋白霜饼
C 蛋糕粉
D 巧克力饼干屑
E 葵花苗
F 台 21 红茶日式冰淇淋
G 玫瑰糖片
H 百香果奶油馅
I 巧克力片

长条白盘

简单利落的光面长方盘，其滑顺圆角没有盘缘，使创作不受限制，清晰呈现深色食材，并突显立体感，长盘造型适合派对和宴会等以小点为主的场合，营造简单、精致的感觉。

步骤

1

用挤花袋将百香果奶油馅挤成一条由粗到细的直线，定出百香果生巧克力塔的摆放位置。

2

切成四块的百香果生巧克力塔，角度交错摆放在百香果奶油馅上。

3

在四块百香果生巧克力塔之间和边缘，铺满蛋糕粉和巧克力饼干屑。

4

均匀挤上数球百香果奶油馅，再立插上手掰芝麻蛋白霜饼。

5

以不同角度立插上玫瑰糖片、巧克力片，并缀饰三株葵花苗。再于左侧空白处撒上些许巧克力饼干屑。

6

挖台 21 红茶日式冰淇淋成橄榄球状置于左侧巧克力饼干屑上，再立插上两片巧克力片。

方与方的对话
对角线强化视觉焦点

黑醋粟与白巧克力组合成酸酸甜甜的卡西丝巧克力塔，以45度角置于盘中央，与方盘棱角相交错表现出冷酷的感觉。透过黑醋粟白巧克力甘纳许叠上黑醋粟、白巧克片，柔化刚硬的线条，创造精致的镂空效果。再以热带暖色的奇异果、芒果、火龙果以及蛋白椰子霜饼、薄荷叶排列，芒果酱收拢贯穿对角线，强化并延伸了卡西丝巧克力塔的视觉焦点。

●香格里拉台北远东国际大饭店—董锦婷 甜点主厨

器 皿

方凹盘

简洁利落的日本 Fine Bone China Nicco 大方盘，可以充分留白营造时尚感，而其下凹线条明显有个性，再加上表面洁白光滑，灯光照下便会起聚光效果。

■ Ingredients

材料

A	综合莓果馅	**F**	薄荷叶
B	蛋白椰子霜饼	**G**	白巧克力片
C	热带风情水果碎	**H**	金箔
	（火龙果、奇异果、芒果）	**I**	塔壳
D	黑醋粟白巧克力甘纳许	**J**	芒果酱
E	黑醋粟		

■ Step by step

步 骤

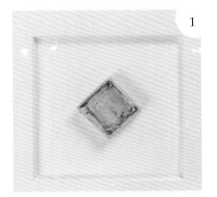

1

塔壳以菱形状放在盘子正中央。

2

将综合莓果馅填入塔壳至 1/3 高。

3

用星形花嘴挤花袋将黑醋粟白巧克力甘纳许以九个点状填满塔壳。

4

各放一个黑醋粟在周围八个黑醋粟白巧克力甘纳许上。

5

用汤匙将热带风情水果碎沿盘子对角排成一线，再淋上芒果酱。

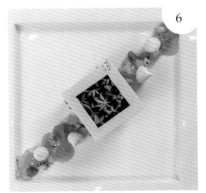

6

蛋白椰子霜饼和薄荷叶左右交错放在热带风情水果碎的线条上。白巧克力片盖在黑醋粟上，并将金箔缀饰在其中一角。
提示：水果跟酱勿同时放下去，先把水果放好再添酱，果粒才能清楚呈现。

复古波普　方与圆
平行线的优雅邂逅

巧克力在意大利象征爱，而白巧克力又更加优雅，因此使用带有旋涡纹路的玻璃方盘，浅绿厚实复古雅致，一圈一圈牵起长方白巧克力慕斯派和圆形哈密瓜冰淇淋，象征恋人间美妙的相遇。整体构图，采用形式各异的三线平行创造韵律感，浅粉色综合莓果小圆点，有节奏地分隔两位主角，彼此眺望着，运用如回忆中的浅色调和重复几何创造单纯美好的老派约会。

● 维多利亚酒店 ｜ Marco Lotito Chef

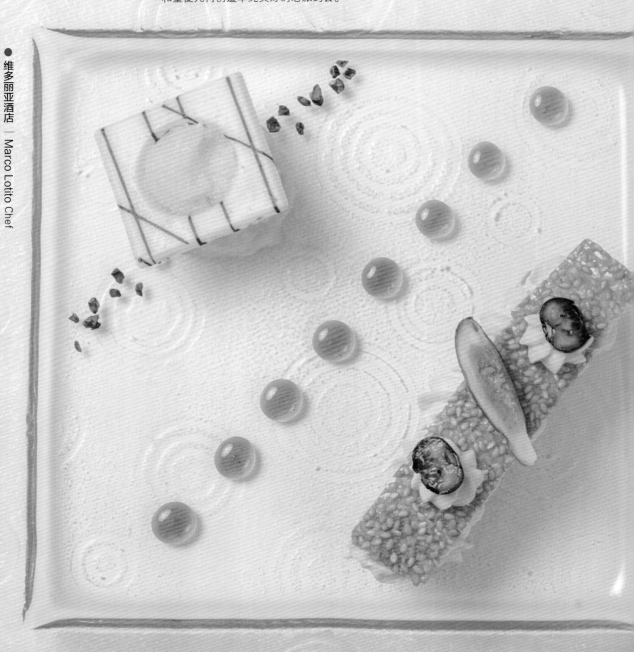

旋涡花纹透明方盘

透明的盘子予人清新的感觉，盘面有大大小小如涟漪般的花纹，玻璃带有浅淡的绿色，有一点厚度的方盘，复古有韵味，呼应此道有清爽哈密瓜和优雅的白巧克力的甜点。

A	蓝莓	**E**	芝麻饼	**I**	哈密瓜冰淇淋
B	派皮	**F**	巧克力饼干屑		
C	造型白巧克力片	**G**	无花果		
D	白巧克力慕斯	**H**	综合莓果酱		

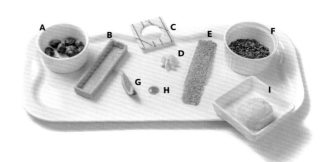

1

将派皮以 45 度角斜放于方盘一角。

2

将白巧克力慕斯用星形花嘴挤花袋以小弧度挤圈填满派皮。

3

芝麻饼盖在白巧克力慕斯上。再用星形花嘴挤花袋将白巧克力慕斯在芝麻饼上挤两点。

4

将无花果切成角状斜斜放在芝麻饼中间，切半的蓝莓分别置于两点白巧克力慕斯上。

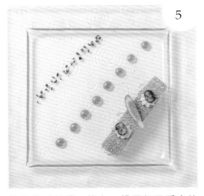

5

沿方盘对角线，挤上一排平行于派皮的综合莓果酱圆点。方盘左上方则撒上一排平行于综合莓果酱的巧克力饼干屑。

6

将哈密瓜冰淇淋挖成球置于巧克力饼干屑线条的中间，再盖上造型白巧克力片即成。

提示：步骤 3 点状挤花的方式，要从稍微高一点的地方开始挤，然后快速往上拉，形状才会漂亮。

Soft Lemon Cake Lime &
Vanilla Sorbet
解构柠檬塔佐莱姆与香草雪酪

拆解柠檬塔元素
纯粹却深具层次的清亮

摆盘所用的柠檬汁、柠檬果肉、莱姆皮丝与香草雪酪，皆是
这道柠檬塔本身的元素，装饰时则将这些元素拆解、铺排至
盘面，既延续甜点本身翻转的创意，也强化夏日果香清新的
调性。整体色调运用如铭黄、鹅黄、奶白乃至于闪亮金箔，
皆属同一色系，清爽怡人，成功示范了活用食材色泽的不同
深浅、亮度，浅色调摆盘亦可有鲜明层次变化。

S.T.A.Y. STAY & Sweet Tea ｜ Alexis Bouillet 驻台甜点主厨

器 皿

圆平盘

有雅尼克 A 字标志的圆平盘，简洁并富高辨识度，为
STAY by Yannick Alléno 专用食器。基本的白色圆盘
面积大而有厚度，表面光滑适合当作画布在上面尽情
挥洒，并能有大片留白演绎时尚、空间感，唯需避开
标志的部分摆放。

材料

A 柠檬汁

B 香草雪酪

C 柠檬果肉

D 糖渍莱姆皮丝

E 金箔

F 柠檬塔（柠檬磅蛋糕）

G 饼干末（图中未显示）

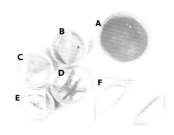

步 骤

将圆形中空模具置于盘面中央，以汤匙
舀放柠檬汁，只需薄薄一层填满圆形中
空模具即可。

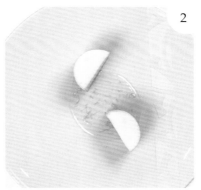

小心移走圆形中空模具，再以抹刀于柠
檬汁两端摆放半圆形柠檬塔，注意柠檬
塔尽量不要摆于一条线上，可避免视觉
单调。

以镊子夹取适量柠檬果肉装饰盘面，再
夹取糖渍莱姆皮丝缀饰塔面。

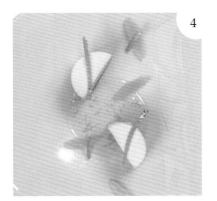

以刀尖于糖渍莱姆皮丝、柠檬果肉处点
上金箔提亮。

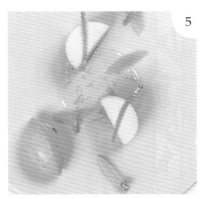

于盘面一角洒上少许饼干末，再摆上整
成橄榄球状的香草雪酪。

上升抛物线
带出食材的魅力与延伸性

色彩轻盈的柠檬塔搭配深色瓷盘，简单圆与圆的呼应，小巧的黑盘衬托出其色彩。柠檬馅画出两道抛物线，将视线带到主体、拉出焦点位置，而柠檬塔中的柠檬馅则以数个水滴状排满、向上提拉，再插上两片不规则状的蛋白饼与三片罗勒叶，营造如风吹过、轻盈飞升的动态感。

器 皿

黑色褐纹圆盘

深色而有光泽的圆盘，中间刻有一块褐色抽象纹路，
衬托明亮、浅色系的食材。

■ Ingredients

材料

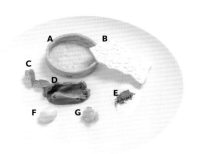

A	塔壳
B	蛋白饼
C	罗勒叶
D	巧克力冰淇淋
E	蔓越莓粉
F	柠檬馅
G	柠檬丁

■ Step by step

步 骤

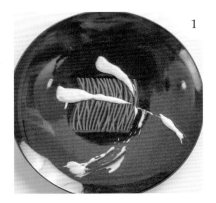
1

将柠檬馅搅拌成液态状，在盘面画出两
条交叉曲线。交点定在盘面中间偏右。

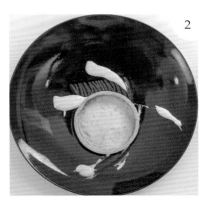
2

将塔壳放在柠檬馅线条的交叉点偏左
处。

3

用挤花袋将柠檬馅以水滴状挤满塔壳。

4

用镊子夹些柠檬丁放在柠檬馅上。

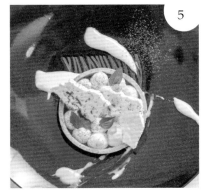
5

将手掰蛋白饼一前一后斜斜插在柠檬馅
上，再用筛网分别在蛋白饼和盘面右上
角轻撒上蔓越莓粉。罗勒叶以三角形构
图放在柠檬塔上。

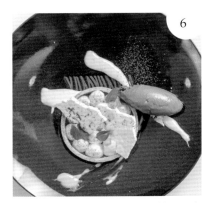
6

汤匙挖巧克力冰淇淋成橄榄球状，放在
柠檬馅画盘的交叉点上。

盐之华法式料理厨房 — 黎俞君 厨艺总监

半面留白点线交织
恣意随兴的金色乐章

常见的柠檬塔加上欧洲最时髦的雪花蛋，蓬松软嫩的口感，揉和酸甜适口的柠檬馅与酥脆塔皮，创造出多层次的享受，而为了强调雪花蛋的细致白嫩，使用极细的糖丝、灰黑罂粟籽等质地坚硬的食材，与柔软的雪花蛋营造强烈的对比效果。整体构图将盘面一分为二，半面留白，半面以清新的色调、圆点和细丝交织出恣意随兴的奢华感。

器 皿

镶边大圆盘

大圆白盘镶上卷曲的毛笔线条金边，向内前进集中聚焦，予人恣意奔放的大气奢华感，并能有大面积留白，演绎空间感。

材 料

A 塔皮	**E** 牛奶酱	**I** 柠檬皮屑
B 柠檬馅	**F** 罂粟籽	**J** 雪花蛋
C 木瓜雪贝	**G** 糖丝	
D 芒果酱	**H** 薄荷叶	

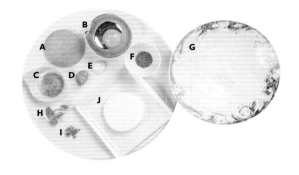

步 骤

1

将塔皮放置盘中央，再用挤花袋将柠檬馅以绕圈的方式挤满。

2

用抹刀将雪花蛋叠放在柠檬馅上。

3

用挤酱罐将芒果酱与牛奶酱依序交错沿着中线挤，再于雪花蛋上粘上数片薄荷叶。

4

以芒果酱与牛奶酱挤成的中线为基准，将罂粟籽撒在其中半部，含雪花蛋约1/3 的部分。

5

在雪花蛋中段刨上柠檬皮屑，与芒果酱与牛奶酱挤成的线平行。

6

于盘面的罂粟籽上放上糖丝以及一球木瓜雪贝。

月夜星空
转化思绪与情景的视觉味觉

心酸是这道甜点的名字，由柠檬塔构成，酸酸甜甜。主厨说，年轻时在厨房每天工作到半夜一两点，当时又一个人在国外，而这份工作的心酸、疲倦和劳累，让他曾思考是不是一辈子会这样度过，每当下班走到街上已是一片黑，抬头看看一轮明月还有整片星空，都安慰他陪伴他。七八年前的念头一直想创作的这道甜点，献给辛苦工作的人们，记得初衷，静待未来在味蕾里发酵成甘美。

器皿

圆岩盘

以圆形岩盘为底，放上新月状的塔皮，并缀以银粉，画出宛如夜空的想象，与鲜艳明亮的色彩强烈对比，彼此衬托辉映。

材料

- **A** 银粉
- **B** 糖粉
- **C** 柠檬奶油馅
- **D** 布列塔尼塔皮
- **E** 薄荷冰淇淋
- **F** 葵花苗
- **G** 海盐鲜奶油
- **H** 芝麻橄榄油微波蛋糕
- **I** 夏堇
- **J** 繁星
- **K** 杏仁薄饼

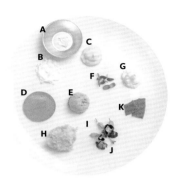

步骤

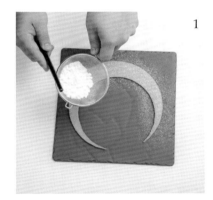

1

将新月状的布列塔尼塔皮撒上糖粉后放置盘中。

2

用挤花袋依序将柠檬奶油馅和海盐鲜奶油以大大小小的水滴状，交错挤在布列塔尼塔皮上，并在左下预留一处空白给薄荷冰淇淋。

3

于柠檬奶油馅和海盐鲜奶油上，交错点缀繁星、夏堇与葵花苗。

4

于柠檬奶油馅和海盐鲜奶油上立插上手掰杏仁薄饼，并于其间的空隙置入几块手撕芝麻橄榄油微波蛋糕。

5

挖薄荷冰淇淋成橄榄球状置于塔皮上的预留空位，再交错插上三片手掰杏仁薄饼。

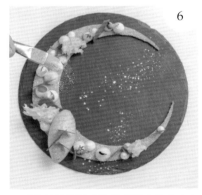

6

毛刷蘸银粉并以手指轻碰撒在盘中空白处，创造如星空的效果。

圆点、方块、旋纹
交互谱出的酸甜变奏曲

这道摆盘以清新、俏皮为主要诉求，一方面以长方形盘面呼应柠檬塔的形状，另一方面则以鹅黄、碧绿圆点带出活泼可爱的气息。绿色的罗勒果胶与黄色的黄柠檬果胶，也与柠檬塔的口味很相配。只点满一半盘面，也是增加趣味冲突感的表现。竖直的蛋白片除了延伸盘面视觉，其洁白脆硬的质感既与柠檬塔内馅有别，同时又与方盘辉映。整体感清新酸甜，于有相似元素的食材中寓有层次变化。

● WUnique Pâtisserie 无二烘焙坊 — 吴宗刚 主厨

器 皿

材料

A 柠檬罗勒酱

B 蛋白霜片

C 黄柠檬果胶

D 罗勒果胶

E 塔皮（图中未显示）

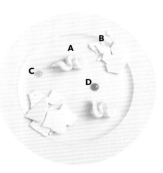

长方白盘

样式经典的法国 Legle – Procelaine de Limoges – France 长方盘，素净长方外观与柠檬塔相呼应，也能衬托想营造的轻盈调性。长方形的盘面适合盛装小点，予人简单愉悦之感。

■ Step by step

步 骤

1

在塔皮上用柠檬罗勒酱挤出旋纹，做成柠檬塔。以抹刀把柠檬塔放于方盘正中央。

2

于塔身用挤花袋将柠檬罗勒酱的每处旋纹中央轻点一滴罗勒果胶，增加视觉丰富性。

3

于柠檬塔表面插上两片蛋白霜片，摆放时尽量不要平行，使线条向上立体延伸。

4

于盘面上交错点上罗勒果胶、黄柠檬果胶。只点满一半盘面，与留白的另一边对照，增加视觉趣味。

提示：制作柠檬塔上旋纹使用的挤花袋花嘴为圣多诺花嘴。

Start Boulangerie 面包坊 ｜ Joshua Chef

大量留白　繁复与简洁对比
衬出孤傲绽开的玫瑰

此道盘饰以大量留白为整体构图，让视觉停留在单边。
富有力道的画盘线条，深褐色米特罗酒酱卷曲、岔出如
茎刺，放上有着繁复层次、一大一小玫瑰花般的苹果
塔，野莓酱为露水，靠上宛如纯净叶片的白色香草冰淇
淋。整体以渐层的大地色系和自然笔触画出一支孤傲的
玫瑰。

■ Plate
器皿

白色浅瓷盘

基本的白色圆盘面积大而小有弧度，表面光滑适合当作画布在上面尽情挥洒，展现画盘笔触，并能有大片留白演绎时尚、空间感。

■ Ingredients
材料

A 野莓酱
B 米特罗（Mirto）酒酱
C 香草冰淇淋
D 玫瑰苹果塔
E 烤布蕾酱
F 蔓越莓粉

■ Step by step
步骤

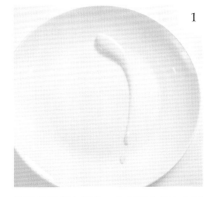

1

用汤匙将烤布蕾酱，在盘面中间由上至下刮画出一道弧形。

2

将两个做成玫瑰花状的苹果塔，放在烤布蕾酱线条的下方和右侧。较大的苹果塔放在细线条旁，较小的则放在粗线条旁，平衡画面。

3

以挤花袋将米特罗酒酱，在烤布蕾酱线条上绕出曲线。

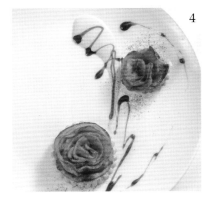

4

用筛网在苹果塔上撒上蔓越莓粉，增添微酸的味道。

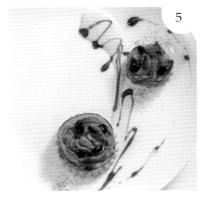

5

在苹果塔花瓣边缘淋上些许野莓酱。

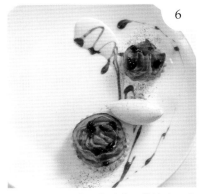

6

挖香草冰淇淋成橄榄球状，横放在两个苹果塔之间。

Taete aux Pommes
苹果塔焦糖酱与榛果粒

运用干燥食材质感
创造浅淡的秋天氛围

时节进入秋季，各品种的苹果纷纷登场，为呈现此甜点的季节感，运用低温烤焙后的干燥苹果片与粉紫食用花朵，自然交叠散落于苹果塔外缘半圈，隐隐露出主体，带出如秋日的干萎，糖粉如霜，色调浅淡舒服，卷曲的线条与盘面金边相呼应，创造出秋天的氛围。

● 盐之华法式料理厨房 ─ 黎俞君 厨艺总监

金边浅碗

碗的弧度能防止冰淇淋融化溢出，而其卷曲向内的金色线条折射出亮光，搭配干燥苹果片的绿与焦糖酱的浅褐色等浅淡的大地色系，营造低调内敛的金色秋意。

A	糖粉
B	焦糖榛果
C	焦糖酱
D	香草冰淇淋
E	苹果塔
F	食用花
G	干燥苹果片
H	薄荷叶

1

用星形花嘴挤花袋将焦糖酱于碗中挤上一球。

2

将苹果塔叠放在焦糖酱上。

3

苹果塔表面撒上撕碎的薄荷叶，周围随兴放上数颗焦糖榛果。

4

用星形花嘴挤花袋将焦糖酱挤一球在苹果塔顶端。

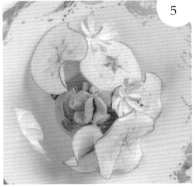

5

于苹果塔半边交叠数片干燥苹果片，再缀上大朵食用花。

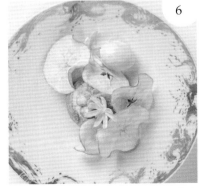

6

用筛网均匀洒上糖粉，再挖一球香草冰淇淋置于干燥苹果片旁。

提示：薄荷叶撕碎后香气会更为明显，面积也更小，方便摆盘点缀食材，使用上灵活度高。

异中求同同中求异
堆叠出青苹果的几何乐园

以法国具代表性的水果——青苹果作为此道甜点的主要元素，分别衍生为青苹果塔、青苹果冻、青苹果雪酪等各种样貌，再同塑形、切割为大大小小的方形及圆形的杏仁酥饼、橄榄球状的苹果雪酪，透过高低起伏、大小错落的几何堆叠，用基本元素创造出简单、利落却有层次的美感。而整体以大地色系，绿色、米色、褐色，缀以简单的红酸模叶，营造出青苹果清甜、质朴的纯真形象。

台北君悦酒店 | Julien Perrinet Chef

器 皿

白色方盘

日本 Narumi 白色方盘，盘面光洁、盘缘大，可以大面积留白，有如双方形交叠，以此和栽切、塑形为正方形的青苹果系列甜点相呼应，层层相叠的几何美学，创造轻盈利落的形象。

材料

A	青苹果塔
B	青苹果块
C	金箔
D	法芙娜杜丝巧克力
E	杏仁酥饼
F	红酸模叶
G	杏仁酥饼碎
H	青苹果雪酪
I	青苹果冻
J	杏仁奶油方饼

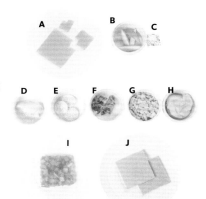

步 骤

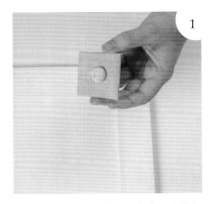

1

用挤花袋将法芙娜杜丝巧克力，在杏仁奶油方饼中央挤一个点，以在盘子上固定黏着杏仁奶油方饼。

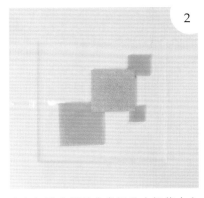

2

杏仁奶油方饼粘在盘子的中间偏右上角。青苹果塔切成大中小三块后分别再切出方角，分别与杏仁奶油方饼结合。

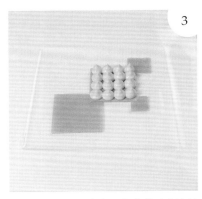

3

将法芙娜杜丝巧克力用挤花袋以水滴状整齐地挤满方饼。

4

依序在法芙娜杜丝巧克力上盖上另一片杏仁奶油方饼和青苹果冻，并将三个切成角形的青苹果块交叉叠在青苹果冻左侧，切面朝上。

5

三片圆形杏仁酥饼以三角形构图斜插在青苹果块下，并放置三片红酸模叶在青苹果上。

6

将杏仁酥饼碎洒在最大的青苹果塔的左下角以固定苹果雪酪，放上挖成橄榄球状的青苹果雪酪延伸视觉，再缀上金箔。

提示：若担心杏仁酥饼倒下，可挤些法芙娜杜丝巧克力在饼干后面作为支撑。

Alsace
Apple Tart
阿尔萨斯苹果塔

亚都丽致丽致坊・苏益洲 主厨

蜜渍苹果海
方形黑盘框出风景浮世绘

阿尔萨斯苹果塔是法国东北部阿尔萨斯(Alsace)的传统甜点，切成单片后为强调原来整块塔中心苹果片交叠的特色，以此为发想衍生出如叠高的海浪，烘烤边缘创造鲜明的层次感，与之相呼应的则是浅褐红色的肉桂糖，铺满盘面有如映上斜阳的沙滩，并透过自然流泻的香草酱与冰淇淋，提供品尝时多元搭配与风味变化的乐趣，最后再以薄荷叶与曲线拉糖延伸视觉高度、缀亮色彩。而整体有如日本浮世绘的呈现手法，以方形黑盘衬出强烈对比的色彩，层层铺盖堆叠，雕刻轮廓明确，大量色块填满，造就富东方色彩的西式甜点风景画。

A	薄荷叶
B	香草酱
C	阿尔萨斯苹果塔
D	蜜渍苹果片
E	肉桂糖
F	拉糖
G	香草冰淇淋

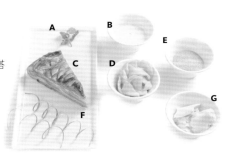

黑色长方盘

不同于常见的白盘，此道甜点选用简单的长方形黑盘，打造出别有一番风味的海边景致，衬托色彩明亮、暖调的食材，并刻画出细致的轮廓线条，如画一般。而其窄窄的盘缘像是画框，镶入一幅美景，又能防止酱汁和化开的冰淇淋流出。

■ Step by step
步骤

1	2	3

| 将切成扇形的蜜渍苹果片，摆在盘内右下角，一层一层由大至小叠成波浪状。 | 利用喷枪的火焰烧蜜渍苹果片的边缘，让波浪线条更加明显，并引出苹果的香气。 | 以手捏洒肉桂糖，均匀洒在盘内及蜜渍苹果片上。 |

4	5	6

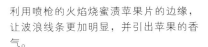

| 取单片阿尔萨斯苹果塔以45度角斜摆在盘子中间，苹果塔的尖端朝下。 | 用汤匙舀香草酱，淋在苹果塔的左下角，并使酱自然流下。 | 香草冰淇淋以汤匙挖成橄榄球状，斜摆在苹果塔及苹果片之间，再将拉糖、薄荷叶装饰在冰淇淋上。 |

提示 新鲜苹果去核切成薄片，用糖水煮过，就能保持果肉的色泽，防止变黑。

干湿分离　一高一低
寓圆于方的几何知性设计

不同于一般将主体放在盘面的摆放方式，此道枫糖苹果派将苹果派置于盘缘，并呼应盘面外形分切成长条状，也更易拿取、优雅入口，又酥脆的千层派皮最担心因水分、酱汁的沾染而软化，因此选择异材质拼接、具高低落差的盘子，将苹果派与酱料分家，使其保有酥脆口感，同时可自行动手蘸取酱料食用，依个人口味调整甜度。整体以方和圆为主结构，几何交错，色调沉稳，创造高低错落、富设计感的知性甜点。

● 德朗餐厅 ｜ 李俊仪 甜点副主厨

器皿

材料

A 苹果派
B 枫糖香堤
C 枫糖酱

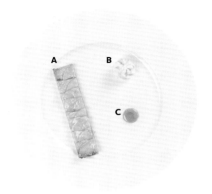

内圆外方黑盘

具有深度的黑盘，方形盘缘为雾面，圆形盘面为亮面，并具有高低差能巧妙分隔干湿食材，设计感十足，创造双情境。深色盘面适合衬托明亮色系的食材。

步骤

1

2

3

用星形花嘴挤花袋将枫糖香堤于盘内左上方挤上一球。

于枫糖香堤正下方，以汤匙舀枫糖酱使其自然流泻成圆形，大小约与枫糖香堤相同。

将切成长条状的苹果派放在盘面与盘缘的交界处，并与盘缘平行。

提示 使用星形花嘴挤花袋时，若要画成立体的花状，要以绕圈的方式挤，最后快速挥向侧边收尾。此处为向上绕两圈成形。

● WUnique Pâtisserie 无二烘焙坊 ｜ 吴宗刚 主厨

一叶知秋
洗练而品尝不尽的丰美

此道盘饰以代表成熟丰收却又略带萧瑟的秋季为灵感，蜜褐色的苹果塔本身即为有着沉郁甜美韵味的果实，手烧叶片陶盘与造型古雅的枯枝汤匙，画龙点睛烘托出宛如秋季大地的意态。藤蔓状拉糖则选用褐色，搭配苹果塔与陶盘的稳重色调，并营造向上延伸的立体视觉，而刻意翻转粘贴商标牌，则巧妙呼应"翻转"苹果塔之名。整体画面精致富有雅趣，完满诠释秋日成熟芳馥的气息。

器 皿

材 料

A 翻转苹果塔

B 薄荷叶

C 拉糖

D 枯枝造型汤匙

艺术家手工陶盘

手工拓印自然界的真实叶片，再入窑烧制而成的陶盘。每片陶盘的形态、色泽都封存独一无二的树叶生命。

■ Step by step

步 骤

1

将去掉蒂头的翻转苹果塔以抹刀盛放于盘面叶根处。

2

以镊子小心夹取拉糖，置于苹果塔的蒂头处，模拟藤蔓的卷曲并增加向上延展感。

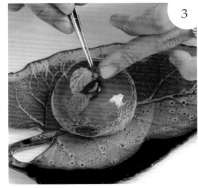

3

夹取薄荷叶，沿着拉糖由下而上粘饰。

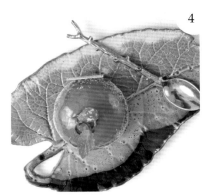

4

于盘面叶尖处斜摆上枯枝造型汤匙。

食器改变视觉温度
热锅上的双重飨宴

翻转苹果塔源自于法国一对经营餐厅的姊妹，因太过忙碌误将苹果先入锅，只好再覆盖上本来应该在最底下的派皮，意外创造出经典甜点。以此为趣味，直接将料理工具作为食器，同时维持焦糖苹果与塔皮刚出炉的热度，搭配冰凉爽口的香草冰淇淋一同享用，体验充满惊喜的视觉味觉双重飨宴。

● 北投老爷酒店 — 陈之颖 集团顾问兼主厨 李宜蓉 西点师傅

器 皿

带把手小铁锅

将料理工具直接端上桌，除了创造生活感的用餐氛围
及乐趣，也可维持甜点的温度，让视觉及味觉同时拥
有温暖的感受。

■ Ingredients

材 料

A 派皮
B 香草冰淇淋
C 糖粉
D 焦糖苹果与焦糖酱
E 薄荷叶

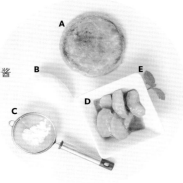

■ Step by step

步 骤

1

将焦糖苹果以花瓣状依序排入小铁锅
内，再淋上熬煮苹果的焦糖酱。

2

将派皮覆盖在焦糖苹果上。

3

挖香草冰淇淋成橄榄球状，横放于派皮
中央。

4

薄荷叶缀饰于香草冰淇淋上。

5

将糖粉轻撒于甜点表面。

提示 洒糖粉时，若无法以单手控制粉量，
可一手固定不动，另一手以指尖轻敲筛网，
让糖粉均匀洒落。

将食材塑形
芒果片交叠成黄玫瑰

把米布丁藏在白圆盘凹槽最下层，盖上涂满芒果酱的奶油饼干，用新鲜芒果片一片片细心叠成玫瑰花形状，缀上金箔和金砖，让传统米布丁摇身一变成为高雅的甜点。透过层层包裹、交叠变为一朵精巧的黄玫瑰，大盘缘与甜点大小的强烈对比，能聚焦出主体，以金箔芒果球与主体呼应，创造出有着温暖色调的芒果黄玫瑰。

台北君悦酒店 | Julien Perrinet Chef

器皿

材料

A 新鲜芒果片
B 柠檬
C 奶油饼干
D 金箔芒果球
E 金箔
F 芒果酱
G 米布丁
H 金砖

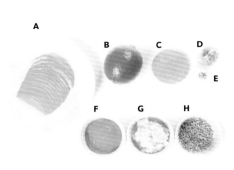

白色深圆盘

具有深度凹槽、大盘面、宽盘缘的白盘，易于集中食材聚焦视线，并能盛装有高度、易散落的甜点。而此白色深圆盘平平的宽盘缘，适合利用画盘做变化，为省去画盘待干的时间，可在前一天先画好。简单、可爱的圆形点点和黄色细线，正好呼应芒果的色调，点缀出黄玫瑰的真诚与纤细。

■ Step by step

步骤

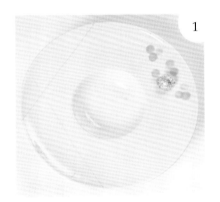

1

用抹刀将金箔芒果球放在盘缘右上方已装饰上点状花纹处。

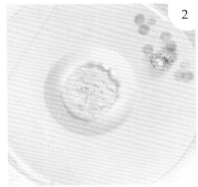

2

在盘中央凹槽中放入圆形中空模具，将米布丁一匙匙舀至模具中，用汤匙压米布丁将表面整平，取下后便会固定成圆柱状。

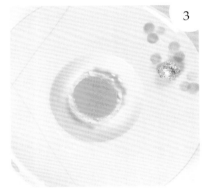

3

将芒果酱以抹刀均匀地抹在奶油饼干上，再把奶油饼干叠放在米布丁上。

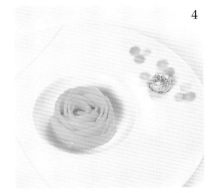

4

用新鲜芒果片，从饼干中心起，由内而外一层一层交叠、围绕出一朵玫瑰花形状。

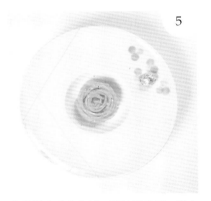

5

在芒果玫瑰花上刨一些柠檬皮屑，撒上一些金砖，并用镊子将金箔点缀在芒果玫瑰花的花瓣边缘。

提示：1. 制作芒果玫瑰花时，要先将芒果切成眉形片状，制作时可用镊子辅助、固定使芒果片更容易弯曲。注意芒果要新鲜且够成熟，才会有弹性能做造型。2. 注意米布丁要煮得够稠才能凝固成形。

● Le Ruban Pâtisserie 法朋烘焙甜点坊 — 李依锡 主厨

专属夏天的黄白蓝
一幅明丽欢快的风情画

向夏天致敬的甜美盘饰，葡草纹瓷盘与仲夏芒果塔共同谱出了白、蓝、黄等属于夏天明度高、对比强的亮丽色调。继而以浓郁芒果酱、芒果丁强化甜点本身用料的忠实丰厚，并以草莓、开心果点缀色彩。带点自然野性甜美的万寿菊，则是特别画龙点睛的装饰，细嚼起来略带百香果气息，也暗暗呼应芒果塔内含的百香果元素。

器皿

葡草纹瓷盘

绘有蓝色葡草纹的丹麦 Royal Copenhagen 白瓷圆盘，风格清新优雅，深具视觉吸引力，适合演绎简单、造型集中的甜点，避免遮去原有的葡草纹装饰，建议弧线画盘尽量靠近芒果塔本体而非与盘沿花纹重叠，可集中视觉画面。

■ Ingredients

材料

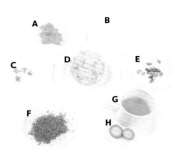

A	芒果丁
B	椰子蛋白饼
C	万寿菊
D	仲夏芒果塔
E	开心果
F	开心果碎
G	芒果酱
H	切片草莓

■ Step by step

步骤

1

以抹刀将仲夏芒果塔置于盘中央。

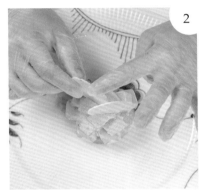

2

因为仲夏芒果塔上的芒果为冰冻的，因此先以刀子刻出凹痕再插上椰子蛋白饼，注意力道适中，避免蛋白饼折断。

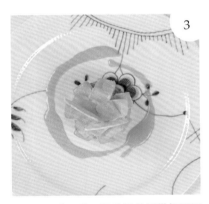

3

汤匙舀取芒果酱，沿仲夏芒果塔轻画两道弧线画盘。

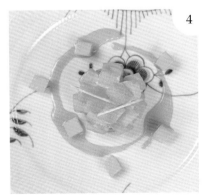

4

沿着弧线画盘点缀数颗芒果丁。

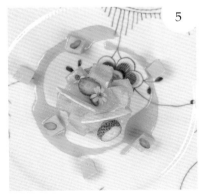

5

于仲夏芒果塔顶端装饰两个切成片的草莓与一朵万寿菊，并在盘面上以三角形构图在三颗芒果丁上放上开心果。

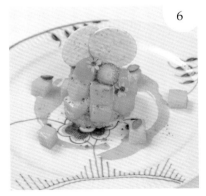

6

撮洒开心果碎于全部食材上。

圈圈圆圆
多圆共构利落设计感

简单利落的肉桂蜜桃布蕾塔，选用同样简单却充满细节的椭圆白盘，深浅不一、向外扩展的高盘缘，透过螺纹予人旋转、摇摆出多圆的视觉想象，向内聚焦至主体，而一旁的点状水蜜桃馅除了暗示布蕾塔的口味，也呼应整体以圆为主，并平衡了偏长形、非正圆的盘面，清新明亮的色彩与多圆共同构出和谐利落的画面。

● 德朗餐厅——李俊仪 甜点副主厨

器皿

材料

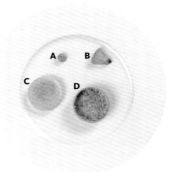

A 水蜜桃馅
B 白酒渍水蜜桃
C 香草布蕾
D 肉桂塔壳
E 砂糖（图中未显示）

椭圆螺纹白盘

椭圆形白瓷盘，盘缘带有螺纹能引领视线向内聚焦，
又其高低深浅略偏斜予人打破传统圆盘的设计感，予
人速度、动态感，而大盘面能有大量留白演绎空间。

步骤

1

将肉桂塔壳置于盘面右侧。

2

将白酒渍水蜜桃切成扇形，用镊子将其
夹入叠成圆形至约与塔壳等高。

3

用挤花袋将水蜜桃馅以绕圈的方式挤满
塔壳，再用匙背抹平。

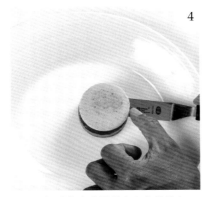

4

用抹刀将香草布蕾叠放在水蜜桃馅上。

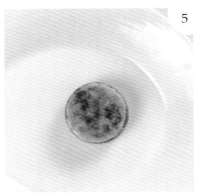

5

于香草布蕾表面撒糖后用喷枪烘烤，使
其表面呈焦脆的金黄色。

6

用挤花袋将水蜜桃馅挤一小滴在盘面左
侧以平衡画面。

草莓塔

Provencal Straw
Berry Tart

普罗旺斯草莓塔

寒舍艾丽酒店 — 林照富 点心房副主厨

热情奔放草莓花绽放
多层堆叠营造立体感

将当季草莓剖半一层一层向上堆叠成花开绽放的样子，
鲜红饱满的色彩热情洋溢，令人垂涎欲滴，并以绿色强
烈对比点缀、衬托，而鲜明且具速度感的画盘将视线带
向前端主角。要特别注意的是，为完美呈现精致的立体
效果，草莓尽量选择相同大小，并切成一致的形状，不
要忽大忽小。

器皿

正方形白盘

正方盘面予人安定、平和且有个性的形象，存在感强烈，需要特别注意食材与盘子线条的平衡，而其光洁的表面如画布，能够完美表现画盘的纹理和色彩。

材料

- **A** 草莓酱
- **B** 鲜奶油
- **C** 草莓
- **D** 开心果
- **E** 薄荷叶
- **F** 卡士达酱
- **G** 塔皮
- **H** 橘子
- **I** 奇异果
- **J** 镜面果胶
  （图中未显示）

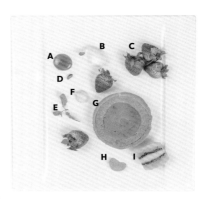

步骤

1

将塔皮置于盘中央，并用挤花袋将卡士达酱从中心向外绕圈，外圈预留约 1.5 厘米以排放草莓。

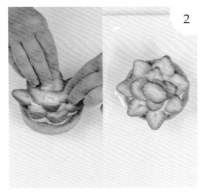

2

草莓剖半、切面朝外，将卡士达酱作为黏着剂，从外圈排满一圈，再接续以同样的方式排第二圈，最后再平放上两片圆形草莓片。平躺的草莓圆片是为方便步骤 6 鲜奶油的摆放。

3

先将塔上的草莓刷上镜面果胶，再于最外圈草莓接合的缝隙粘上开心果碎粒。

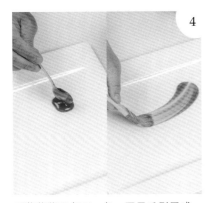

4

舀草莓酱于盘面一角，再用毛刷画成一条由粗到细、具速度感的弧线。

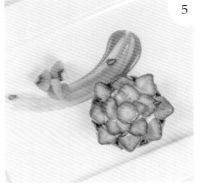

5

将草莓塔置于草莓酱线条上方，再将两片切成角状的奇异果和两瓣橘子于草莓酱线条下方交叠，并在草莓塔和草莓酱线条两端缀上开心果。

6

挖鲜奶油成橄榄球状置于草莓塔顶端，并缀上一小株薄荷叶。

WUnique Pâtisserie 无二烘焙坊 ｜ 吴宗刚 主厨

率性富于手感的
大地粗犷美

洗练无瑕的全黑陶盘，将维多利亚塔的质感与色彩衬托得更为活泼鲜明。痛快刷上一道充满手感刷痕的焦糖酱，配上榛果与凤梨等维多利亚塔的内在元素，简简单单便带出阳光烂漫的粗犷土地分量，也使得原本精致高雅的维多利亚塔，呈现出南国的热情，宛如大地之母带点原始、带点丰饶的个性风貌。

器皿

黑陶盘

光润的全黑陶盘，搭配深黄、暖褐色调的甜点，能带出沉稳又具鲜明个性的气质。

材料

A 榛果粉
B 香草凤梨丁
C 维多利亚塔
D 榛果碎
E 焦糖酱
F 粉红胡椒
（图中未显示）

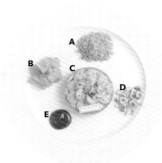

步骤

1

先于盘面中上方横向挤出焦糖酱，再以较硬的刷具刷出笔直带状线条，作为基础画盘。

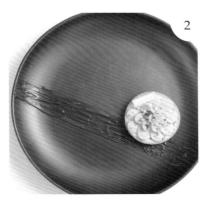

2

以抹刀将维多利亚塔置于焦糖画盘线条一侧，注意塔身不要完全遮盖原本的焦糖线条。

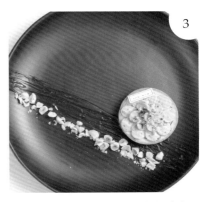

3

抓取榛果碎，沿焦糖画盘线条随意洒上，同样注意不要遮住焦糖线条。

4

以镊子夹取数颗凤梨丁散置于焦糖线条上，略做点缀。

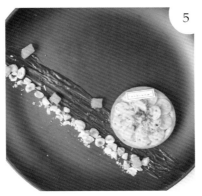

5

最后于焦糖线条上撒上少许粉红胡椒。

提示：刷盘时可选用较硬的毛刷，使线条更粗犷分明，若刷毛太软则线条较不明显。

自制主题盘与重塑食材
创造童趣柑橘叠叠乐

酸酸的柠檬配上甜甜的蛋白霜，向来是法式传统甜点中的绝配，此道柑橘奏鸣曲将常见的圆形塔重构，透过四种柑橘类食材：柠檬、莱姆、葡萄柚、血橙，同是橘黄色系渐层、交错出齐整却有变化的长方形结构，精准切割计算出组合拼装的长短大小，而这样整齐的盘饰也是为了因应食用时的味觉感受，此长形甜点划分为六等份，正好是一口的分量，让每一口都能吃到全部的元素。最特别的便是灰色阶亚克力长盘，使用相框加上自己制作的底图，创造独一无二的视觉体验。

台北君悦酒店 | Julien Perrinet Chef

亚克力相框

将无印良品的亚克力相框转变为盘子，插入的图片是
主厨特意找来的全是柠檬的满版照片，修成富插画感
的风格并调整色调为灰阶，降低彩度衬托色彩缤纷的
甜点主体。透明的亚克力相框与长方造型，搭配个性
十足的照片，创造清新、富有创意、巧妙呼应主题却
不抢走风采的盘子。此载体也能简单地因应主题、发
挥创意用于其他甜点。

A 拉糖
B 血橙果冻
C 葡萄柚
D 血橙
E 蛋白霜
F 柠檬
G 莱姆
H 血橙果酱
I 茴香叶
J 食用花
K 莱姆冻
L 沙布列饼干条
M 柠檬条

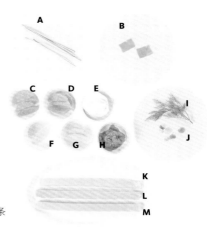

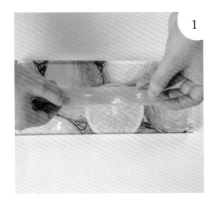

1

将沙布列饼干条放在长方盘上，柠檬条
放在长方盘中间与沙布列饼干条并排，
莱姆冻则置于沙布列饼干条上面。

2

将切成方形的血橙果冻平贴在步骤 1 完
成的长条左右侧。

3

用挤花袋将蛋白霜以水滴状挤一排在柠
檬条上，再以喷射打火机把蛋白霜表面
烤薄薄一层上色即可。

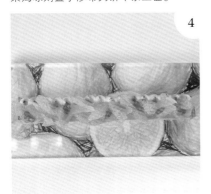

4

柠檬、葡萄柚、血橙、莱姆分别切成角
状放在莱姆冻上。先将四片葡萄柚等分
斜放，柠檬同样四片与葡萄柚片呈交叉
状，莱姆和血橙再依序交错填满空位。
然后平均挤上六点血橙果酱。

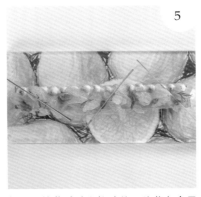

5

将四小株茴香叶和撕碎的五片蓝色食用
花花瓣平均缀上。最后将三根拉糖分别
前后倾斜交错成 V 字形。

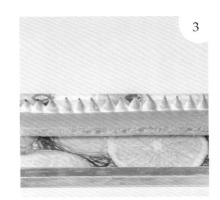

提示：1. 使用茴香叶前要先把它打湿，以方
便黏着。2. 以喷射打火机在蛋白霜表面烤，
除了可以做出色彩层次和不同口感，还能够
使其变硬定形。

灰粉创造知性甜美风
大人感的春天派对

主厨想把甜菜根卡士达酱这种很少见但味道独具的搭配引介给大众，用马斯卡彭酱来中和甜菜根的气味，并将杏仁饼干做成独特的马蹄形，以覆盆子雪酪完整了圆，让基本的圆形聚焦法有了变化。而以三角形构图收拢开心果海绵蛋糕、覆盆子及芝麻叶、粉红巧克力等颜色、造型各异的食材，让盘面显得活泼多样又不凌乱。沉稳内敛的铁灰色盘面衬托米色、粉红色、浅红色与草绿色，粉色画盘线条约以黄金比例做分割，甩至盘缘延伸视觉，整体冷暖色对比调和，创造出随兴优雅却暗藏小心机的淑女们的春天派对。

台北君悦酒店 | Julien Perrinet Chef

器皿

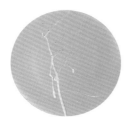

雾面铁灰圆盘

圆形平盘，没有盘缘限制，适合创作、画盘，再加上雾面质感给人时尚利落的感觉。盘上面有用融化的粉红巧克力甩出的不羁、随兴优雅的线条，冷暖色相互调和，让沉稳内敛的铁灰色，多了温柔浪漫的气息。画盘的线条若想要立体、持久些，建议要前一天甩好，并放入冰箱定形。

材料

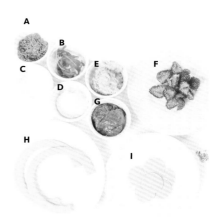

A 覆盆子饼干屑
B 芝麻叶
C 糖粉
D 香草马斯卡彭酱
E 开心果海绵蛋糕
F 覆盆子块
G 甜菜根卡士达酱
H 杏仁饼干
I 粉红巧克力
J 覆盆子雪酪
（图中未显示）

■ Step by step

步骤

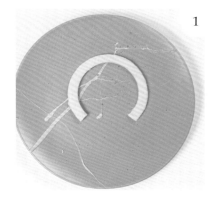

1

将马蹄形的杏仁饼干缺口朝下，置于用融化的粉红巧克力画盘的圆盘中间偏右上。

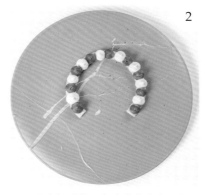

2

用挤花袋将甜菜根卡士达酱在杏仁饼干上平均间隔挤成一圈水滴状，并在间隔处挤上香草马斯卡彭酱成水滴状。

3

将糖粉撒在另一个马蹄形杏仁饼干上，撒了糖粉那面朝上，并放在甜菜根卡士达酱和香草马斯卡彭酱上。

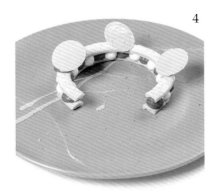

4

将甜菜根卡士达酱以三等分方式挤三个水滴状在杏仁饼干上。三片粉红巧克力花纹朝前斜斜粘在甜菜根卡士达酱上。

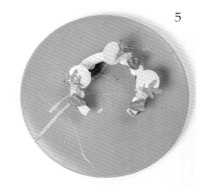

5

撕小块的开心果海绵蛋糕、对半切的覆盆子、芝麻叶依序放在每一片粉红巧克力旁。覆盆子记得切口朝上，突显其纹路。

6

将覆盆子饼干屑洒在杏仁饼干缺口处作为固定用，再将覆盆子雪酪以汤匙挖成橄榄球状置于其上。

天然素材暖风惬意
夏日沿岸的黑石、泡沫与海草

将传统意大利甜点玉米塔结合薄饼以及抹茶奶油，创造新的味觉体验。小巧的深皿适合采用集中堆叠的盘饰手法，聚焦视线，做出立体感。色彩上则使用大自然色调：深褐、青绿与土黄，将玉米塔剖半减少分量，避免在小器皿中显得沉重，插上似青苔附着的圆形薄饼，淋上巧克力酱、抹茶奶油与巧克力泡，自然随意地彼此交融，仿佛夏天海边微风轻拂，舒服且温暖。

器皿

黑色彩绘深皿

不规则状的边缘与石头般的质地，边缘带有金色线条、红色与绿色点点的简单彩绘，予人朴实、可爱之感，深色带点光泽则衬托明亮色系的食材。而此器皿本身有深度，将主体放在中间能达到视线聚焦的效果。

材料

- A　巧克力酱
- B　抹茶奶油
- C　薄饼
- D　百里香叶
- E　玉米塔
- F　百里香焦糖
- G　巧克力泡
- H　绿茶粉
- I　糖渍橘子丁

步骤

1

将玉米塔对切摆在左边。

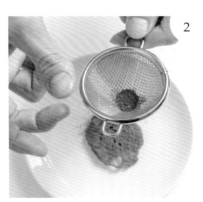

2

指尖轻敲筛网让绿茶粉均匀散布在薄饼上。

3

将薄饼以45度角、有绿茶粉的那面朝前插在玉米塔上。

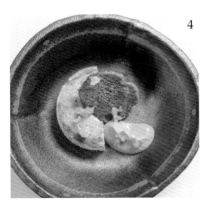

4

在薄饼前方放上一匙抹茶奶油，再以镊子夹数个橘子丁至玉米塔前半部与抹茶奶油上。

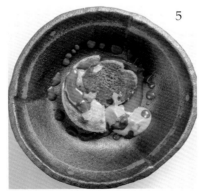

5

在玉米塔和薄饼上以绕圈方式淋上巧克力酱，外围以点状呈现。

6

在玉米塔前半部和薄饼顶端淋上百里香焦糖，放上巧克力泡。最后以左上右下的角度缀上百里香叶。

Gâteaux Basque
Lime Jelly, Apricot & Licorice Cream

经典巴斯克酥派佐莱姆果冻与
糖衣甘草马斯卡彭杏桃球

S.T.A.Y. STAY & Sweet Tea | Alexis Bouillet 驻台甜点主厨

经典几何细腻平衡
浓淡交织的法式原味

为了使整体味觉表现和谐，主厨选用清爽的莱姆果冻及杏桃，以搭配口感甜郁的巴斯克酥派。水果的酸可中和酥派的腻，继而使酥派本身的扎实奶香更为出色。整体构图同样也注重视觉的交错平衡，将酥派、糖衣甘草马斯卡彭杏桃错落有致地摆放，点缀杏桃瓣、莱姆果冻，呈现不对称的灵活美感。

器皿

材料

A 巴斯克酥派
B 杏桃酱
C 莱姆果冻
D 金箔
E 糖片
F 甘草马斯卡彭奶油
G 杏桃

圆平盘

有雅尼克 A 字标志的圆平盘，简洁并富高辨识度，为 STAY by Yannick Alléno 专用食器。基本的白色圆盘面积大而有厚度，表面光滑，适合当作画布在上面尽情挥洒，并能有大片留白演绎时尚、空间感，唯需避开标志的部分摆放。

■ Step by step

步骤

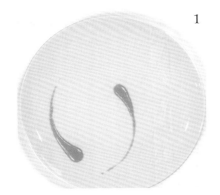

1

舀取杏桃酱，挥拉两条弧线画盘。画盘动作时向内回勾，并使弧线对称。

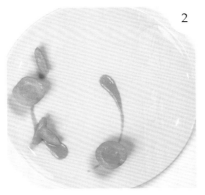

2

于杏桃酱弧线上各摆上一个切半的杏桃，切面朝上，并夹取数块切成瓣状的杏桃，交错放在外侧的杏桃酱弧线上。

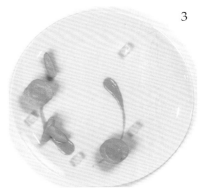

3

以镊子夹取数颗莱姆果冻，放在两道杏桃酱外侧。

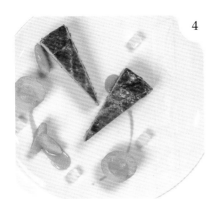

4

以抹刀将酥派角度交错置于两条杏桃酱间。

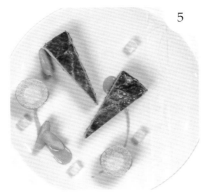

5

将马斯卡彭奶油挤入切半的杏桃内，再水平粘上糖片。

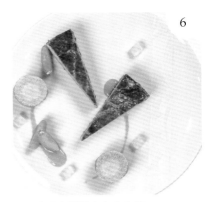

6

以刀尖于杏桃瓣上点上金箔。

简单却缤纷的小幸福

这道甜点的首要特色是红瓷圆盘与蛋白派于色泽、形状的搭配，食器呼应蛋白派的圆，映衬蛋白派的白，并使整体气息更活泼明艳。其次，选用水果软糖、马卡龙、小玛德莲蛋糕等色彩、款式多样的小巧甜点装饰，使画面更缤纷，但因大小适中，并不喧宾夺主。以小甜点装饰时可活用明亮色彩，以及相同食材采水平、立体交错摆放的两大原则，使摆盘更富变化。

● WUnique Pâtisserie 无二烘焙坊 ── 吴宗刚 主厨

红瓷盘

意大利 Naomi ceremics 圆盘色泽鲜艳光润，深色不规则纹路与凹凸不平的表面，既能衬托蛋白派的洁白，也带出甜点愉悦温暖的气息，予人纯朴自然之感。

■ Ingredients

材 料

A　茉莉花马卡龙

B　小玛德莲蛋糕

C　百香水果软糖

D　蛋白派

E　覆盆莓水果软糖

F　抹茶马卡龙

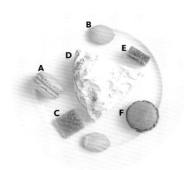

■ Step by step

步 骤

1

以抹刀将蛋白派盛放于圆盘正中央。

2

分别夹取覆盆莓水果软糖、百香水果软糖置于蛋白派表面。

3

分别摆上抹茶马卡龙与茉莉花马卡龙，并与水果软糖位置交错。

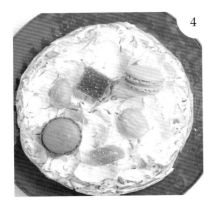

4

摆上小玛德莲蛋糕。

提示　摆放两颗水果软糖的要点为当一颗平放于蛋白派表面时，另一颗便采取竖立摆放，使画面更活泼立体。摆放马卡龙与小玛德莲蛋糕的要点亦是如此。只要抓住同一要点便可重复运用于不同食材。

对称错落　娇艳欲滴
繁花盛开的美好午后

外形简单方正的千层派，口感酥脆，适合搭配酸甜爽口的花果，创造多层次口感，并透过多层对称与整齐堆叠，创造繁多却不杂乱的盛开景象。首先以罗勒卡士达酱将盘面一分为二，再以千层派为底向上堆成丘，缀以大片娇艳欲滴的玫瑰花瓣。整体色彩以经典红绿搭配，如同盛开的娇翠百花，美艳而大方。

Terrier Sweets 小梗甜点咖啡　| Lewis Chef

器皿

正方岩盘

法国 Revol 玄武岩盘，耐高低温幅度为 -40~200℃。
方形平盘无盘缘呼应千层派外形，创作空间大，适合
以画盘为主的盘饰，又其深色盘面能衬托鲜艳色彩，
加强对比。

材料

A　优格覆盆子雪酪

B　奇异果块

C　樱桃

D　蓝莓

E　千层派

F　罗勒卡士达酱

G　薄荷叶

H　覆盆子

I　玫瑰酱

J　糖粉

K　开心果碎

L　玫瑰花瓣

M　糖浆（图中未显示）

步骤

1

汤匙蘸罗勒卡士达酱以对角线刮画出一
直线，接着于对角线分隔的两个区块，
舀上等距对称的罗勒卡士达酱。

2

将两块为一组的千层派，分别包黏住盘
中的三球卡士达酱，并于千层派上再重
叠一球罗勒卡士达酱。

3

在千层派与卡士达酱画盘上放上数颗剖
半樱桃，并于边角空白处放上整颗的樱
桃。再于卡士达酱上以剖半蓝莓、切块
奇异果交错摆放填满空隙。

4

用筛网将糖粉均匀撒在千层派上，再各
堆上一球玫瑰酱。将开心果碎撒于盘中
心。

5

将玫瑰花瓣蘸取卡士达酱为黏着剂，均
匀粘附于食材与盘面上，并在花瓣上以
针筒挤上小滴糖浆，模拟为花瓣上的露
珠。再于盘面上点缀数片薄荷叶。

6

挖优格覆盆子雪酪成橄榄球状置于剩余
的一球卡士达酱上，点缀上玫瑰花瓣。

提示　摆盘时，可将食材底部蘸微量罗勒卡
士达酱作为黏着剂，方便固定。

@ 德朗餐厅 — 陈宣达 行政主厨

结构堆叠手法
打造甜点界的非线性建筑

运用结构稳固的堆叠手法，酱料和水果为基底，不规
则状的牛奶脆片、泡芙皮为面，一层一层向上建造，
使薄荷莓果千层富有流动性与立体感，而其两侧尖端
与盘面莓果酱汁和莓果冰沙多向连接成一弧线，平衡
整体画面。大面积的留白除了能聚焦、带出简约利落
的现代感，也给食用者提供了方便分切享用的位置。

器 皿

材 料

A 薄荷奶油
B 覆盆子腌水蜜桃
C 覆盆子
D 综合莓果酱
E 覆盆子酱
F 草莓
G 综合莓果冰沙
H 防潮糖粉
I 牛奶脆片
J 泡芙皮

白平盘

表面平坦的日本 Narumi 圆盘能使摆盘不受局限，突显千层派多层次的立体感，带出时尚感，并能方便分切成小口食用。

步 骤

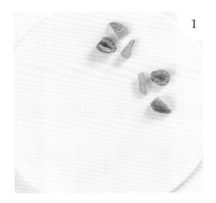

1

将切成角状的草莓、剖半的覆盆子和覆盆子腌水蜜桃以两组三角形构图为基底，摆放在盘面右上角。

2

用挤花袋将薄荷奶油各挤一球于草莓、覆盆子和覆盆子腌水蜜桃组成的三角形中间，再用挤罐将覆盆子酱和综合莓果酱以点状、大小不一交错挤于莓果之间。

3

取两片大小不一、已撒上防潮糖粉的泡芙皮，平放于两组莓果底座上。

4

于两片泡芙皮中央，各挤上一球薄荷奶油，再于薄荷奶油旁放上数块草莓、腌水蜜桃与覆盆子为第二层基底。

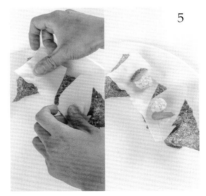

5

取两片大小不一、略小于泡芙皮的的牛奶脆片平铺叠于第二层基底上。再重复一次步骤3、4，使用相同技巧向上堆叠便完成千层派的制作。

6

于千层派两端各缀上一滴覆盆子酱，再于左上角撒上些许泡芙皮碎片，最后挖综合莓果冰沙成橄榄球状斜斜叠上。

提示 堆叠食材的技巧：基底要够稳，才足够支撑大量的食材，并可使用酱料作为黏着剂。以此道甜点为例，最下方要铺上大量的水果，并以奶油为黏着剂。

法国淑女的优雅俏皮风情
寓于方圆

这道法式千层派内馅选用茉莉覆盆子香堤，可说是法国经典与东方茶文化的甜美合璧。摆盘上首先以圆盘、圆点对应千层派的长方体，继而选用覆盆子粉与黑加仑酱呼应香堤果馅的酸甜韵味。内馅的粉红、覆盆子粉的桃红与黑加仑酱的紫红色调流露出女性化的甜美温柔，而各式大小圆点则强化了缤纷俏皮的氛围。最后以金箔画龙点睛，使整体摆盘更高雅有质感。

S.T.A.Y. STAY & Sweet Tea | Alexis Bouillet 驻台甜点主厨

器皿

材料

A 千层派皮   E 茉莉覆盆子香堤
B 黑加仑酱   F 金箔
C 覆盆子酱   G 覆盆子粉
D 糖粉

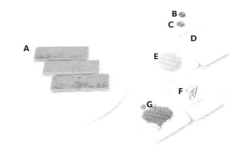

圆平盘

印有雅尼克 A 字标志的圆平盘，简洁并富高辨识度，
为 STAY by Yannick Alléno 专用食器。基本的白色圆
盘面积大而有厚度，表面光滑适合当作画布在上面尽
情挥洒，并能有大片留白演绎时尚、空间感，唯需避
开标志的部分摆放。

步骤

1

于盘中央摆上圆形中空模具，以指尖轻
弹筛网边缘，撒上一层薄薄的覆盆子
粉。把模具外的粉擦去。

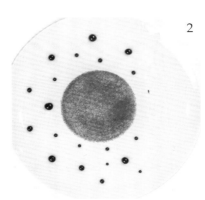

2

避开盘面标志，用挤酱罐于盘面挤上大
小不一的黑加仑酱圆点。

3

准备另一圆盘制作千层派。于千层派皮
顶端挤上三条茉莉覆盆子香堤与两条覆
盆子酱，再盖上一片千层派皮。所有步
骤重复一次，完成有三层派皮、两层内
馅的千层派。

4

将塑胶板以对角方式遮住千层派表面，
再轻洒糖粉，使派皮表面呈现半边洒上
糖粉、另一半则无的对角造型。

5

于原本盘面上的覆盆子粉中心挤上茉莉
覆盆子香堤，再以抹刀将千层派移至盘
中，于派皮顶端点上一滴黑加仑酱。

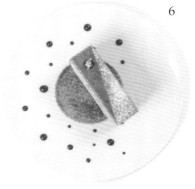

6

再以刀尖点上金箔提亮。

化繁为简
低调却余韵无穷

有别于一般千层派摆盘常见的繁复高贵，这道摆盘则采取较为简洁、亲切的日常风格。全黑长方形石板下缘粗犷的片状纹理与千层派的外形互为呼应，并活用圆点盘饰，如由大至小的焦糖圆点、宛如戳印的糖粉装饰，营造注脚般待续、未完的趣味余韵，使以长方形为基调的盘面更富变化。

WUnique Pâtisserie 无二烘焙坊 ── 吴宗刚 主厨

器 皿

材料

A 千层派
B 糖粉
C 焦糖酱

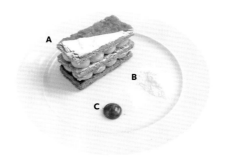

长方石板

全黑长方石板，方形外观与略带片状层次纹理的边缘
可与主角千层派互相辉映。

步 骤

1

以抹刀于盘面角落摆上千层派本体。

2

于千层派下方由大而小依序挤上六个焦
糖酱圆点。

3

铺上预先剪好的烘焙纸以隔开大部分盘
面，再于焦糖圆点末端处铺上亚克力造
型板，以指尖轻弹筛网边缘撒上糖粉，
做出特殊造型。

提示　洒粉时需注意室内不可有风。

整齐堆叠与厚实深色盘面
营造童话森林趣味

简单的长方形巧克力千层派本身即有高度，因此采用堆叠方式，整齐地放上四块无花果，缀以左右交错的手撕罗勒叶片，再透过弯曲的白色蛋白饼延伸高度、点亮视觉。整体色彩以大地色系为原则，选用深色浅弧度的器皿，焦糖酱平行于两侧聚焦主体，朴拙可爱的样貌，使巧克力千层派就像森林里的一块木头，上头长着鲜艳可爱的小菌菇，有着童话般的趣味。

咖啡色点状厚圆盘

为展现森林意象，选择此咖啡色点状厚瓷盘，浅浅的弧度与圆润的盘缘，带有大小不一的咖啡色点点，予人可爱、朴拙的跃动感，而大地色系呼应盘饰概念，并有效衬托明亮、浅色系的食材。

■ Ingredients
材料

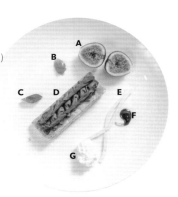

A 无花果

B 焦糖酱（芒果、百香果）

C 罗勒叶

D 巧克力千层派

E 蛋白饼

F 米特罗（Mirto）酒酱

G 优格冰淇淋

■ Step by step
步 骤

1

巧克力千层派横放在盘子正中央后，在中间挤上一条米特罗酒酱。

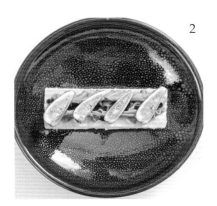
2

无花果切成四瓣，斜摆成一直线。

3

罗勒叶撕成小块，一上一下交错摆放在无花果上方。

4

将焦糖酱以汤匙画盘，上下各刮出一条横向的线条。

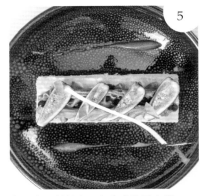
5

左上右下斜放上一条弯曲的蛋白饼。

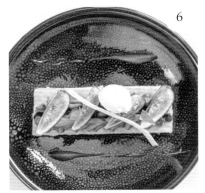
6

汤匙挖优格冰淇淋成橄榄球状，放在两块无花果中间，与蛋白饼靠在一起。

破坏、不规则状、天然花果
交织出春日山头下的雪景

从破坏开始，将扁平的焦糖千层酥撕成不规则状，重构其形。提拉米苏酱塑成橄榄球状置于碗中央，焦糖千层酥插满碗后，宛如一座小山，缝隙则藏满了草莓块和蓝莓。提拉米苏酱、焦糖千层酥之甜以及水果之酸，交织出多层次酸甜口感。翠绿的薄荷叶和莱姆皮、鲜艳的石竹则让整座山景突然鲜亮了起来，再洒上白色糖粉，宛如一幅春日山头下雪美景。

Yellow Lemon | Andrea Bonaffini Chef

器 皿

白汤碗

立体的汤碗，适合盛装大分量甜点。在摆放时通常以
360 度观看无正反之分的方式呈现，也因为其高度可
固定住食材，彼此支撑不容易散开，营造出丰富感。

材料

A	提拉米苏酱	D	石竹	G	草莓块
B	焦糖千层酥	E	薄荷叶	H	莱姆
C	糖粉（图中未显示）	F	蓝莓		

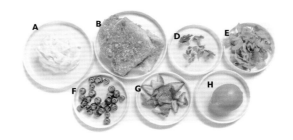

步 骤

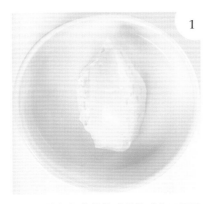

1

用汤匙挖提拉米苏酱成橄榄球状置于汤
碗中央，作为固定黏着用。

2

将焦糖千层酥撕成片后一片片随兴以放
射状插入碗中，并用碎片把缝隙填满。

3

用镊子将大量的蓝莓和切成角状的草莓
放入焦糖千层酥片的缝隙中。

4

将撕碎的薄荷叶撒在焦糖千层酥上，上
面再刨一些莱姆皮。

5

撒一些糖粉在焦糖千层酥上。

6

将石竹撕成碎片，用镊子均匀夹至焦糖
千层酥上。

42 巧克力黑沃土配百香果奶油及覆盆子雪贝／88 金橘马丁尼杯与香蕉芒果雪贝／106 兰姆酒渍蛋糕与综合野莓及蜂蜜柚子／110 提拉米苏与咖啡冰淇淋

台北市大安区忠孝东路四段 170 巷 6 弄 22 号
02-2751-0790

Angelo Aglianó Restaurant ｜ Angelo Aglianó Chef

144 巧克力慕斯衬焦化香蕉及大溪地香草冰淇淋

台北市信义区松仁路 28 号 5 楼
02-8729-2628

L'ATELIER de Joël Robuchon à Taipei ｜ **高桥和久** 甜点主厨

46 小任性／56 融心巧克力／80 白色恋人／90 原味香草／116 原味蛋糕卷／218 仲夏芒果

台北市大安区仁爱路四段 300 巷 20 弄 11 号
02-2700-3501

Le Ruban Pâtisserie 法朋烘焙甜点坊 ｜ **李依锡** 主厨

68 缤纷春天／140 八点过后／142 黑蒜巧克力慕斯／170 青苹果慕斯

上海市浦东新区陆家嘴滨江大道 2972 号
021-5878-6326

MARINA By DN 望海西餐厅 ｜
DN Group（DANIEL NEGREIRA BERCERO、Sergio Dario Moreno Lopez、史正中、宋羿霆、李柏元、汪兴治、陈耀泓、刘隆升）

066 草莓

台北市大安区四维路 28 号
02-2700-0901

MUME｜Chen Chef（照片右侧为 Kai Ward Head Chef）

100 佛流伊舒芙蕾／114 羽翼巴伐利亚／134 糖工艺
三层架／154 缤纷方块

桃园市桃园区新埔六街 40 号
0975-162-570

Nakano 甜点沙龙｜郭雨函 主厨

108 法式芭芭佐水果糖浆与香草香堤／136 半米的甜
点盛缀／192 解构柠檬塔佐莱姆与香草雪酪／232 经
典巴斯克酥派佐莱姆果冻与糖衣甘草马斯卡彭杏桃球
／240 茶香覆盆子千层派

台北市市府路 45 号 101 购物中心 4 楼
02-8101-8177

S.T.A.Y. STAY & Sweet Tea｜Alexis Bouillet 驻台甜点主厨

102 栗子薄饼舒芙蕾／182 巧克力塔／194 柠檬塔
／202 苹果塔／230 玉米塔／244 巧克力无花果千层

台南市永康区华兴街 96 号
06-311-1908

Start Boulangerie 面包坊｜Joshua Chef

54 巧克力熔岩蛋糕／96 小梗舒芙蕾蛋糕／112 提拉米苏／132 勃朗峰／186 南风吹过／198 心酸／236 期间限定千层

台中市西区明义街 52 号
04-2319-8852

Terrier Sweets 小梗甜点咖啡｜Lewis Chef

124 欧培拉／148 白巧克力慕斯／158 柠檬咖啡慕斯／184 巧克力塔／200 柠檬点点／212 翻转苹果塔／224 维多利亚塔／234 蛋白盘子／242 千层派

台北市大安区安和路二段 184 巷 10 号
02-2737-1707

WUnique Pâtisserie 无二烘焙坊｜吴宗刚 主厨

32 六层黑巧克力／84 帕芙洛娃／160 草莓／246 焦糖千层酥

台北市中山区明水路 561 号
02-2533-3567

Yellow Lemon｜Andrea Bonaffini Chef

50 伯爵茶巧克力／58 橙香榛果巧克力／70 低脂柠檬乳酪／122 莓果生乳卷／152 粉红白起司慕斯

台北市大同区承德路一段 3 号
02-2181-9999

台北君品酒店｜王哲廷 点心房主厨

98 红莓舒芙蕾／162 野莓宝盒／176 蜜桃恣情／178 缤夏风情／206 青苹酥塔／216 芒果糯香椰塔／226 柑橘奏鸣曲／228 粉红淑女

台北市信义区松寿路 2 号
02-2720-1234

台北君悦酒店｜Julien Perrinet Chef

38 巧克力蛋糕佐巧克力布丁／64 德式黑森林／72 草莓起司白巧克力脆片／74 柳橙起司糖渍水果柳橙糖片／94 抹茶蛋糕・蛋白脆片／104 温马卡龙佐香草冰淇淋／166 芒果慕斯配芒果冰淇淋

台北市中正区忠孝东路一段 12 号 2 楼
02-2321-1818

台北喜来登大饭店安东厅｜许汉家 主厨

36 古典巧克力蛋糕佐白巧克力抹茶酱／78 缤纷起司拼盘／214 翻转苹果派配冰淇淋

台北市北投区中和街 2 号
02-2896-9777

北投老爷酒店｜陈之颖 集团顾问兼主厨、李宜蓉 西点师傅

60 主厨特制黑森林／092 纯白蜜桃牛奶

台北市中山区民权东路二段 41 号 2 楼
02-2597-1234

亚都丽致巴黎厅 1930｜Clément Pellerin Chef

48 经典沙哈蛋糕／62 德式白森林蛋糕／82 蓝宝石起司蛋糕／126 欧培拉蛋糕／208 阿尔萨斯苹果塔

台北市中山区民权东路二段 41 号 1 楼
02-2597-1234

亚都丽致丽致坊｜苏益洲 主厨

44 榛果柠檬／118 草莓香草卷／128 抹茶欧培拉佐芒果雪贝／168 黑醋栗椰子慕斯／172 芒果慕斯奶酪／188 卡西丝巧克力塔

台北市大安区敦化南路二段 201 号
02-2378-8888

香格里拉台北远东国际大饭店｜董锦婷 甜点主厨

34 巧克力蛋糕搭新鲜水果／40 浓郁巧克力搭芝麻脆片／76 低脂芙蓉香柚起司蛋糕／156 蜂蜜薰衣草慕斯佐香甜玫瑰酱汁／164 白巧克力芒果慕斯／174 焦糖桃子慕斯佐柑橘酱／222 普罗旺斯草莓塔

台北市信义区松高路 18 号
02-6631-8000

寒舍艾丽酒店｜林照富 点心房副主厨

52 栗栗在慕／120 森林卷／150 两种巧克力／190 相遇——白巧克力与哈密瓜

台北市中山区敬业四路 168 号
02-8502-0000

维多丽亚酒店｜Marco Lotito Chef

86 香蕉可可蛋糕佐咖啡沙巴翁
／210 枫糖苹果派／220 肉桂
蜜桃布蕾塔／238 薄荷莓果千层
佐莓果冰沙

台北市内湖区金庄路 98 号
02-7729-5000

德朗餐厅｜**陈宣达** 行政主厨 、**李俊仪** 甜点副主厨

130 蒙布朗搭栗子泥与蛋白霜／146 巧克力慕斯球佐
咖啡布蕾／196 柠檬塔／204 苹果塔焦糖酱与榛果粒

台中市西区五权西四街 114 号
04-2372-6526

盐之华法式料理厨房｜**黎俞君** 厨艺总监

《甜点盘饰：蛋糕·慕斯·塔派》

中文简体字版©2017由河南科学技术出版社发行

本书经由北京玉流文化传播有限责任公司代理，台湾城邦文化事业股份有限公司麦浩斯出版事业部授权，同意经由河南科学技术出版社独家出版中文简体字版书。非经书面同意，不得以任何形式任意重制、转载。本著作仅限中国大陆地区发行。

版权所有 翻版必究
豫著许可备字-2017-A-0073

图书在版编目（CIP）数据

甜点盘饰：蛋糕·慕斯·塔派 / La Vie编辑部著 . — 郑州：河南科学技术出版社, 2017.9
（2018.9重印）
ISBN 978-7-5349-8969-8

Ⅰ. ①甜… Ⅱ. ①L… Ⅲ. ①甜食－制作 Ⅳ.①TS972.134

中国版本图书馆CIP数据核字(2017)第217044号

出版发行：河南科学技术出版社
地址：郑州市经五路66号　　邮编：450002
电话：（0371）65737028　65788613
网址：www.hnstp.cn
责任编辑：冯　英
责任校对：李晓娅
责任印制：朱　飞
印　　刷：河南瑞之光印刷股份有限公司
经　　销：全国新华书店
幅面尺寸：190mm×260mm　**印张**：16　**字数**：380千字
版　　次：2017年9月第1版　2018年9月第2次印刷
定　　价：98.00元

如发现印、装质量问题，影响阅读，请与出版社联系。